河南师范大学学术专著出版基金资助

3D 打印：数字化智能制造技术与应用

高书燕　主　编

刘　洋　副主编

科学出版社

北　京

内 容 简 介

本书详细介绍了 3D 打印技术的发展历程、工作原理、成型技术及其在各个领域的应用，不仅涉及 3D 打印技术基础理论知识，还扩展讲解了 3D 打印技术的前处理、后处理技术，同时总结了 3D 打印技术所用耗材的种类以及三维建模软件的相关内容。根据 3D 打印的智能化制造优势，系统介绍了其在不同研究领域的前沿性研究与应用，充分剖析了其发展趋势及巨大的应用潜力。

本书系统性强，深入浅出，通俗易懂，不仅能够为感兴趣的读者打开 3D 打印世界的大门，还可供相关专业高校师生和企业专业人员参考。

图书在版编目（CIP）数据

3D 打印：数字化智能制造技术与应用 / 高书燕主编. —北京：科学出版社，2021.11

ISBN 978-7-03-069215-3

Ⅰ. ①3… Ⅱ. ①高… Ⅲ. ①立体印刷-印刷术 Ⅳ. ①TS853

中国版本图书馆 CIP 数据核字 (2021) 第 113004 号

责任编辑：贾 超 郑欣虹 / 责任校对：杜子昂
责任印制：吴兆东 / 封面设计：东方人华

科 学 出 版 社 出版
北京东黄城根北街 16 号
邮政编码：100717
http://www.sciencep.com
北京捷迅佳彩印刷有限公司 印刷
科学出版社发行 各地新华书店经销

*

2021 年 11 月第 一 版 开本：720×1000 1/16
2022 年 2 月第二次印刷 印张：12
字数：280 000
定价：118.00 元
（如有印装质量问题，我社负责调换）

序

3D 打印是一种数字化材料智能制造技术，改变了传统加工技术以切削材料为主的制造方式，通过将粉末、液体、片状、丝状等离散材料逐层堆积，直接生成 3D 实体，可以灵活地实现传统制造方法难以完成的高复杂度和高精度的结构构筑，为现代工程科学与工业技术带来了革命性变化，在《中国制造 2025》国家战略中占有重要的地位。

近年来，我国增材制造技术（又称 3D 打印技术）取得了众多突出成果，应用主要集中在家电及电子消费品、模具检测、医疗及牙科正畸、航空航天等领域，未来将更多地向航空航天和医疗领域发展，火箭和航空发动机的核心部件制造已采用 3D 金属打印技术，助推了当代高端制造业的进一步发展。目前，3D 打印技术已经成为设备大型化、材料微纳米级、多材质、活性融合化方面发展的新驱动，可满足未来社会大规模个性化定制的需求，成为支撑我国制造业转型和创新驱动发展模式的新力量。

高书燕教授常年致力于增材制造的前沿性基础研究，以多年的学术积淀和实践经验为依托编写了该书。该书以 3D 打印技术的简介作为开篇，详细阐述了 3D 打印技术发展的历史过程，列举了系列关键性事件，介绍了 3D 打印技术的发展前景，系统地总结了不同种类 3D 打印技术的原理及其在各个领域的应用。此外，该书扩展了以 3D 打印技术为中心的衍生知识结构，包括 3D 打印技术相关建模和切片软件、3D 打印技术的后处理工艺、多种 3D 打印技术使用到的不同材料、3D 打印技术在各个领域的应用等，最后根据发展潮流和国家政策对 3D 打印技术进行了展望。

该书几乎涵盖了 3D 打印技术的各个领域，言简意赅，通俗易懂，适合大多数人群阅读，是深入学习 3D 打印技术的佳选之作。该书可以作为本科和研究生的教学参考书，也可以为从事增材制造研究的人员在解决科研和生产实际问题时提供依据。

郭永年

2021.5.18

前　　言

　　时代在发展，科技在进步。当今世界正迎来爆炸式发展，我们每时每刻都在接受新科技、新思想的洗礼，身处于信息时代的我们，应该感到无比幸运。生活于现代社会的人们平均一天接收到的信息量是古代社会的人们无法想象的。当然，仅靠丰富的信息是远远不够的，更重要的是，国家有好的对外开放政策，积极开放科技领域，不断吸收国外先进技术，主动地融入世界科技发展的大浪潮当中，相互发展，互相提高，才能在短短的几十年从新中国成立初期的一穷二白，到成为如今的世界第二大经济体，从世界边缘走到世界舞台中央。

　　现在的世界不仅仅是经济全球化的世界，同样也是科技全球化的世界，国家与国家之间相互合作，共享科学技术所带来的成果。不仅国家如此，反映到一个人身上同样如此，开放、交流的学习方式才是提高科研人员知识水平的最好方式。早在20世纪末、21世纪初期，党和国家领导人就提出"科学技术是第一生产力"和"科教兴国，人才强国"的政策，这无疑反映出国家对于科技发展的重视。纵观华夏五千年历史，每当我们的国际地位处在世界前列时，我们的科技也必然处在世界前列，由此可见，科技实力往往是国家实力的重要体现。

　　党的十九大报告指出，我国社会主要矛盾已经转化为人民日益增长的美好生活需要和不平衡不充分的发展之间的矛盾。社会主要矛盾的转变是经济和科技发展的必然趋势，不仅我国如此，任何先进的发达国家在发展的过程中，这样的发展趋势都是不可避免的。所以，为了解决这一主要矛盾，发展科技是必经之路，只有科技进步，人民生活水平才能提升。

　　在世界科技水平不断迅猛发展的过程中，3D打印技术是众多科技创新成果中的一颗耀眼的璀璨明珠。那么什么是3D打印？3D就是在二维（2D）平面体系中再加入一个垂直于2D平面的向量进而构成的空间体系。3D就是坐标轴的三个轴，它们分别是X轴、Y轴、Z轴，X轴表示的是前后之间的空间，Y轴表示的是左右之间的空间，Z轴表示的是上下之间的空间，三个空间组合起来之后就构成了立体的3D空间。众所周知，3D就是立体地呈现某种事物，如3D电影、3D眼镜。打印则更容易理解，就是将文字或者图片印刷在纸张等一些平面上。所以，3D打印就是通过一种高科技方式将某种物品立体地制造出来。看似很好理解的技术却对人类社会的发展起着非常重要的作用。例如，通过3D打印技术可以打印出任意的复杂结构，而且一体性好，没有加工余料。

　　值此建党百年华诞之际，本书终于得以面世，献礼建党 100 周年。为了让读者更详细地了解 3D 打印技术，本书对 3D 打印的知识进行了系统性的梳理，从 3D 打印的基本概念、技术发展过程、详细分类及相应工作原理，到 3D 打印对于人类发展的重要推动作用，并对其在科研领域和人们日常生活中的应用做了详细阐述和总结，最后介绍了有关 3D 打印在国内和国际的发展趋势以及政策引领等问题。本书图文并茂，使读者更为直观具体地了解到 3D 打印为世界发展做出的"巨大贡献"及对于未来的影响；语言通俗易懂，以简洁的话语让读者知晓 3D 打印的发展进程和发展方向，帮助读者更好、更彻底地学习 3D 打印的相关知识。

　　为了增加本书的可读性和趣味性，本书在编写过程中引用了一些免版权图片。如图 1.1、图 2.12、图 2.13、图 6.4、图 6.5、图 1.2、图 2.4、图 2.11、图 2.32、图 3.9、图 6.13、图 6.21、图 6.24、图 6.28、图 6.32、图 6.33、图 6.35、图 6.6、图 7.2 等。限于篇幅原因，无法一一列明。在此对于图片的分享者以及免版权图片网站平台 https://unsplash.com 和 https://pixabay.com 表示衷心感谢。

　　由于编者水平有限，书中难免会有疏漏和不当之处，恳请读者谅解并提出宝贵意见。

编　者
2021 年 5 月

目　　录

第 1 章　3D 打印的历史及发展

3D 打印（3D printing）是一种以数字设计文件为基础，使用可黏合材料如塑料、陶瓷、粉末状金属，通过层层累积的打印方法来构筑物体的快速成型技术，一般是借助数字技术材料打印机进行工作的。3D 打印以前常被用于模具制造、工业设计等领域的模型制造，而如今被广泛用于部分产品的直接制造，并且已经有用该技术打印而成的零部件投入使用。该技术在服饰类、土木工程设计和施工、交通运输、航空航天、医疗产业、教育、地理信息系统、武器以及其他领域都有所应用。

3D 打印技术以计算机 3D 设计模型为输入，通过分层离散软件和数字化控制成型系统，利用激光束、热熔喷嘴等方式对树脂、陶瓷粉末、塑料、金属粉末、细胞组织等原材料进行预处理，再将其逐层堆积黏结，最终叠加成型得到实体产品。与传统制造业通过模具、车铣等机械方式对原材料进行加工的等材、减材制造工艺不同，3D 打印先在计算机上构建虚拟立体模型，再将其分为若干个 2D 平面，然后将处理后的原材料逐层叠加进行生产。这种增材制造工艺大大降低了生产过程的复杂度。3D 打印无需繁复的制造工艺、庞杂的生产设备以及众多的人力资源，只需要提前在计算机中建好虚拟模型数据，便可构筑预想的 3D 实体产品。这就使得更多的人可以利用 3D 打印技术从事一些生产制造。

1.1　3D 打印技术概述及发展史

3D 打印并不是 21 世纪新兴的技术，它起源于 19 世纪末的美国，并在 20 世纪 80 年代得到快速发展与拓宽。中国物联网校企联盟把它称作"上上个世纪的思想，上个世纪的技术，这个世纪的市场"。3D 立体打印一般是借助数字技术材料打印机来实现实体产品的产出。21 世纪以来，数字技术材料打印机的产量与销量随着科学技术的发展极速增长，与此同时，价格也逐年下降。

在 20 世纪 90 年代中期出现的 3D 打印技术，实质上是通过基于光固化和纸层叠加等技术的最新快速成型装置实现的。

1.1.1　3D 打印技术的简介

　　日常生活中，计算机设计的 2D 图案、文字等虚拟信息可以通过普通打印机呈现在平面纸张上。3D 打印机其实和普通打印机在原理上是相同的，只是所用的原材料有所区别。普通打印机是用墨水在纸张上呈现平面图案，而 3D 打印机则是将真正的原材料如金属粉末、树脂、陶瓷粉末、塑料等分层叠加，呈现 3D 实体。3D 打印机在计算机程序控制下可以把"打印材料"分层堆垛起来，最终把计算机中的虚拟模型变成现实中具体的实物。言简意赅一点，即 3D 打印机是能够"打印"出真切的 3D 空间立体物体的一种装置，比如打印建筑物，打印装饰品、打印各种复杂零部件，甚至是生物组织、器官等。这项技术在原理方面参照了普通打印机技术，并且其分层打印的加工过程与喷墨打印相仿，因此被通俗地称为 3D 立体打印技术。3D 打印技术制作的模型如图 1.1 所示。

图 1.1　3D 打印技术制作的模型

　　3D 打印机工作过程与打印一份纸质文件相仿：点击计算机程序界面的"打印"按键，相应的数字信息就可以被输送到一台喷墨打印机上，打印机再控制墨水在纸的表面进行喷印，从而呈现一个 2D 图像。而在 3D 打印时，除了通过计算机辅助设计（CAD）技术软件进行建模外，还需要使用相关软件对虚拟模型进行一系列数字切片。然后将这些切片的数字信息传输到 3D 打印机中，打印机就会逐层打印连续且有一定厚度的薄层，并将其叠加起来，直至一个 3D 实体成型。3D 打印机与普通 2D 打印机最大的不同在于所用的耗材，也就是 2D 打印机用墨水，3D 打印机用的是真正的原材料。3D 打印技术制作的高精度模型如图 1.2 所示。

图 1.2 3D 打印技术制作的高精度模型

1.1.2 3D 打印技术的大事年表

在 1860 年,法国雕塑家弗朗索瓦·威廉姆(François Willème)设计出一种获取物体 3D 图像的方法,这种方法是将 24 台照相机围成 360°的圆,并同时进行拍摄,然后用与切割机相连接的比例绘图仪绘制模型轮廓。这种技术被称为照相雕塑(photosculpture)。

1892 年,法国人约瑟夫·布兰瑟(Joseph Blanther)首次在公开场合提出使用层叠成型方法制作地形图的构想,随后,Blanther 发明了一种使用蜡板层叠成型制作地图的方法,具体操作就是通过在一系列蜡板上压印地形等高线,然后切割蜡板,将其层层堆叠之后,最后进行平滑处理。

以上两件事都是 3D 打印技术的启蒙性事件。

随后在 1940 年,佩雷勒提出了与约瑟夫·布兰瑟类似的想法,就是可以沿着等高线轮廓切割硬纸板然后层叠成型制作 3D 地形图。

在 1972 年,Matsubara 基于佩雷勒的纸板层叠技术构想提出了使用光固化材料。具体的操作方法就是将光敏聚合树脂涂抹在耐火颗粒上面,随后,将这些涂抹有光敏聚合树脂的耐火颗粒填充在叠层之间并进行加热,就会生成对应的板层,紧接着将光线有选择性地照射到板层上,被光线照射到的部分就会发生固化,未被照射到的部分可以使用有机化学溶剂进行清洗并溶解掉,这样依次类推,最后叠加形成设计者需要的立体模型。这种方法适用于难以加工的模型,或者是使用传统工艺铸模比较困难的模型。

在 1977 年,Swainson 提出了可以使用激光对光敏树脂进行选择性照射来制作模型,在同一时期,美国的巴特尔实验室和 Schwerzel 也开展了类似的研究工作。

在 1979 年,日本东京大学生产技术研究所的中川威雄(Takeo Nakagawa)教授发明了叠层模型造型法,并且使用该方法进行了模型的制作,成功制作出了一些工具，包括落料模、注塑模和成型模。

1980 年，日本名古屋市工业研究所的久田秀夫（Hideo Kodama）发明了利用大桶光敏聚合物成型的 3D 模型增材制造方法，并于当年的 5 月申请了该项技术的专利，但久田秀夫教授并没有将其进行商业化。

直到 1982 年，美国人查尔斯·胡尔（Charles W. Hull）开始尝试将光学技术应用于快速成型领域，并且在 1984 发明了立体光固化成型（stereo lithography appearance，SLA）打印技术，它的工作原理就是通过激光对光敏树脂进行选择性照射来实现快速成型，这项技术会在后述章节中进行详细讲解。正因为查尔斯·胡尔的杰出贡献，他被称为 3D 打印之父。这一年也被称为 SLA 打印技术元年。

在 1986 年，查尔斯·胡尔利用这项技术成立了 3D Systems 公司，这是世界上第一家 3D 打印公司，使用的技术在当时被称作"立体光刻技术"，它的原理就是使用液态光敏树脂和激光进行建模。该公司还发明了 STL 格式的文件，这种格式的文件可以将传统的 CAD 模型进行三角化处理，时至今日，这种模式依然是进行 3D 打印切片的标准模式。

这一年除了查尔斯·胡尔成立了 3D Systems 公司以外，NSF（美国国家科学基金会）还资助了 Helisys 公司研发出叠层实体制造（laminated object manufacturing，LOM）打印技术，这种技术的工作原理是将切割的片材进行黏合，最后形成立体的 3D 模型，后文也会对该技术进行详细讲解。这一年被称为 LOM 打印技术元年。

1988 年，美国人斯科特·克鲁普（Scott Crump）发明了熔融沉积成型（fused deposition modeling，FDM）打印技术，这种技术的工作原理是将打印所用材料加热至熔融形态，再从喷头处挤出，层层叠加，待冷却后形成所需要的模型。这种技术因为成本低、操作便利的特点受到了 3D 打印技术爱好者的广泛关注。同年，在美国加利福尼亚大学洛杉矶分校作为访问学者的颜永年回国，建立了清华大学激光快速成型中心，他成为中国快速成型技术的先驱者。这一年被称为 FDM 打印技术元年，也是 3D 打印技术开始在国内兴起的一年。

在 1989 年，美国得克萨斯大学奥斯汀分校的卡尔·德查德（Carl Dechard）发明了 SLS 打印技术。这种打印技术的全称是选择性激光烧结（selective laser sintering，SLS）打印技术，其工作原理可简述为：通过激光将粉末进行烧结，最后通过层层叠加形成 3D 模型。卡尔·德查德通过这项技术成立了 DTM 公司，因此，这一年被称为 SLS 打印技术元年。

在 1989 年，斯科特·克鲁普凭借着 FDM 打印技术创办了 Stratasys 公司。

在 1991 年，美国 Stratasys 公司制造出第一台熔融沉积造型机，美国 Helissy 公司推出第一台 LOM 设备，以色列 Cubital 公司发明了面曝光制程固化（solid ground curing）技术。

在 1992 年，斯科特·克鲁普创办的 Stratasys 公司推出了第一台基于 FDM 技术的 3D 工业级打印机——"3D 造型者"（3D Modeler），这台打印机的推出标志着 3D 打印技术正式进入商用时代。同年，卡尔·德查德创办的 DTM 公司推出首台 SLS 打印机。

在 1993 年，美国麻省理工学院的伊曼纽尔·赛琪（Emanual Saches）教授发明了 3DP（three-dimensional printing）技术。该项技术的工作原理是将金属或者陶瓷粉末黏结成型，建造出 3D 模型，使用到的黏结材料是黏结剂。两年后，也就是 1995 年，麻省理工学院将该项技术授权给了 Z Corporation 并进行了商业应用，随后，该公司基于这项技术开发出了世界上第一台彩色的 3D 打印机。

1993 年，我国成立了第一家 3D 打印公司。

1994 年，瑞典 ARCAM 公司发明了电子束熔融（electron beam melting，EBM）技术。该项打印技术的工作原理与 SLS 打印技术类似，都是粉末烧结成型，只不过 EBM 打印技术是由电子枪来提供能量的。同年，中国西安交通大学的卢秉恒教授开始研发国产 3D 打印机。

1995 年，德国 Fraunhofer 激光技术研究所（Fraunhofer Institute for Laser Technology，ILT）推出选择性激光熔融（selective laser melting，SLM）技术，该项技术的工作原理是利用金属粉末在激光束的热作用下完全熔化，经冷却凝固而成型的一种技术。所以，这一年被称为 SLM 打印技术元年。

同年的 9 月 18 日，西安交通大学的卢秉恒教授及其团队研发的样机在国家科学技术委员会论证会上获得很高的评价，并且为团队争取到"九五"国家重点科技攻关项目资助。我国西北工业大学的黄卫东教授提出了一个关于快速成型技术的新构思：把 3D 打印技术和同步送粉激光熔覆技术相结合，形成一种新技术，用于直接制造可以承载高强度力学载荷的致密金属零件。

1996 年，世界多个 3D 打印公司如美国 3D Systems、美国 Stratasys、美国 Z Corporation 等，分别发布了新的设备，并且从这一年开始，对于这种技术的称呼转变为更简洁明了的"3D 打印"技术。所以这一年也可以称为"3D 打印"名称的元年。

1997 年，德国的 EOS 公司将其公司内的立体光固化成型业务出售给 3D Systems 公司。

1999 年，Wake Forest 再生医学研究所使用 3D 打印技术配合生物培养技术培养了人造膀胱并将其成功移植到了患者体内，这次手术的成功开创了 3D 打印技术用于医学中的先河，意味着 3D 打印器官移植到患者体内的愿望成为现实，所以，这一年也被称为医学生物 3D 打印元年。

2000 年，我国在"863"计划、"973"计划和国家自然科学基金重点项目等开始对激光立体成型立项支持。

2001 年，以色列 Solidimension 公司推出了第一台桌面级别的 3D 打印机，大大降低了科研人员和其他群众使用 3D 打印机的门槛。同年，美国 3D Systems 公司收购了 DTM 公司。

2002 年，美国的 Stratasys 公司推出 Dimension 系列桌面级 3D 打印机，这种打印机使用的技术是 FDM 打印技术，成本较为便宜，所以受到了 3D 打印机爱好者的热情关注，这种桌面级别的 3D 打印机所使用的耗材是 ABS（丙烯腈-丁二烯-苯乙烯共聚物）塑料。

2003 年，德国 EOS 公司开发了直接金属激光烧结（direct metallaser-sintering, DMLS）技术，该项技术在 3D 打印领域被称为"皇冠上的一颗璀璨明珠"，该项技术直接用高能量的激光熔融金属粉末沉积，同时烧结固化粉末金属材料并自动地层层堆叠，从而生成致密的几何形状的实体零件。

2004 年，美国的 3D Systems 公司开始使用 3D 打印技术打印珠宝。英国巴斯大学的机械工程高级讲师 Adrian Bowyer 博士创立开源 3D 打印机项目 RepRap。

2005 年，美国 Z Corporation 推出世界第一台彩色 3D 打印机，从这一年开始，3D 打印正式向彩色时代迈进。

2007 年，基于 Adrian Bowyer 博士的开源理念，成功开发了第一台代号为"达尔文"的可以自我复制的 3D 打印机，使用这种 3D 打印机，能够打印 3D 打印机中 50%的零部件，而且该 3D 打印机的体积也很小，仅有一个箱子大小。这项技术的好处在于可以更快地普及 3D 打印机，加速 3D 打印机走进千家万户。随后全球最大的桌面级 3D 打印机 MakerBot 就是基于此项技术迅猛发展起来的。

2008 年，以色列 Objet Geometries 公司推出其革命性的 Connex500 快速成型机，这台机器是世界上第一台能够混合多种材料的 3D 打印机，所采用的技术开启了 3D 打印混合材料的新纪元。同年，美国的 Stratasys 公司推出具生物相容性的 FDM 材料。

2009 年，ASTM F42 增材制造技术委员会成立。

2010 年，美国 Organovo 公司研制出了全球首台 3D 生物打印机。这种打印机可以利用人的脂肪和骨髓来制作人体组织细胞，再利用人体组织细胞打印人体器官，使得 3D 打印人体器官并移植的技术变得更加成熟。但这种技术有可能会受到道德的谴责。

加拿大科尔生态（Kor Ecologic）公司推出全球第一辆 3D 打印的汽车"Urbee"。它是史上第一辆用巨型 3D 打印机打印出整个身躯的汽车。

意大利人恩里克·迪尼发明出了一种 3D 打印机，这种 3D 打印机可以直接使用沙子打印建筑物。

华中科技大学史玉升教授带领的团队研制出工业级的 1.2 m×1.2 m 快速制造装备，这是世界上此类装备的最大工作面，超过德国 EOS 公司和美国 3D Systems

公司的同类产品。

北京航空航天大学王华明教授团队，响应国家战略，将研究目标转向大型飞机、航空发动机等国家重大战略需求的方向，在技术上首次全面突破关键构件激光成型工艺、成套装备和应用关键技术，使中国成为在该技术领域中世界领先的国家。

2011 年，英国研究人员研发出世界上第一台 3D 巧克力打印机。

美国 3D Systems 公司收购了多色喷墨 3D 打印机技术的领导者，即美国 Z Corporation 公司。

美国 Stratasys 公司收购 Solidscape 公司。在这一年，桌面级别的 3D 打印机的设备收入增速首次超越了工业级别的 3D 打印机，这意味着 3D 打印技术正在向民间普及。

2012 年，英国《经济学人》发表专题文章，称 3D 打印将引发第三次工业革命。这篇文章引发了人们对 3D 打印的重新认识，3D 打印开始在社会普通大众中传播开来，并且受到了强烈关注。因此这一年也被称为 3D 打印技术的科普元年。

同年，荷兰医生与几名工程师使用 Layer Wise 公司制造的 3D 打印机成功打印出了一个定制的下颚假体，然后移植到一位 83 岁的老太太身上。目前，该技术被用于促进新的骨组织生长。苏格兰科学家首次用 3D 打印机和人体细胞打印出人造肝脏组织。

同年 11 月，中国宣布是世界上唯一一个掌握大型结构关键构件激光成型技术的国家。

2013 年，时任美国总统的奥巴马发表国情咨文演讲强调 3D 打印的重要性。同年，世界知名服装品牌耐克公司成功设计并生产出了世界上第一款 3D 打印的运动鞋。

同年，中国 3D 打印技术产业联盟正式宣告成立。国内各类媒体开始大量报道 3D 打印的新闻。

8 月，美国国家航空航天局（NASA）实验了 3D 打印的火箭组件，证明其可经受 20000 lb（20000 lb=9080 kg）推力及 6000 °F（6000°F ≈ 3315.56℃）的考验。

3D 打印也被美国 McKinsey 公司写入 12 项变革性技术之一，并且该公司预测到 2025 年，3D 打印对世界经济的价值贡献将达到二千亿至六千亿美元。

2014 年，3D 打印首次实现太空制造。

同年，3D 打印成功制造出了火箭助推器，并且使用该火箭助推器使得 Space X 成功发射"猎鹰 9 号"火箭。

2015 年，世界著名 3D 打印企业 3D Systems 收购了中国无锡易维模型设计制造有限公司，创建了 3D Systems 中国。

同年，佳能、理光、东芝、欧特克、微软和苹果纷纷涉足 3D 打印市场。

2016 年，美国哈佛大学研发出 3D 打印肾小管。

2019 年 1 月，美国哥伦比亚大学开发出了食品 3D 打印机，用激光烹饪食品。

同年 4 月，以色列科学家使用患者的细胞 3D 打印出一颗"可跳动的心脏"。西北工业大学汪焰恩教授团队 3D 打印出"可生长的骨头"。

同年 5 月，美国莱斯大学与华盛顿大学的研究团队 3D 打印出"可呼吸的肺"。上述 2019 年的三件大事展现出了 3D 打印技术在医学领域中的重要作用。

同年 7 月，中国首个纯粹的 3D 打印企业铂力特成功上市。证明 3D 打印行业在中国受到了越来越多的关注。

2020 年 3 月，香港理工大学用 3D 打印机打印了很多医疗医护设备，为全球抗击新冠疫情做出了很大的贡献。

5 月，中国空间技术研究院发表声明：中国成功完成首次"太空 3D 打印"，同样也是全球首次连续纤维增强复合材料的 3D 打印实验。

1.2　3D 打印技术的展望

3D 打印技术作为新时代最受科学家们关注的技术之一，具有很多可以现实应用的场景。随着科学技术的进步，任何领域的发展都逐渐趋近于智能化和自动化，有了 3D 打印技术的大力支持，在许多制造生产领域，都可以实现智能化和自动化，并且降低了制造行业的门槛。但在 3D 打印的发展过程中，有 3D 打印发展的有利因素，同样也有限制 3D 打印技术发展的不利因素。所以，本节对 3D 打印技术的应用前景以及限制 3D 打印技术发展的不利因素进行简要的梳理。

1.2.1　应用前景

上文已经提到了可能会应用到 3D 打印技术的领域，如食品制作领域以及生物医药领域。但这对于 3D 打印技术来说，只是其应用领域的冰山一角，3D 打印技术的应用前景存在于世界的方方面面。从最简单的一些常用模型的制作，例如，打印小黄人和奥特曼等一些有趣的动漫形象，到住房建筑的建造，再到生物医学领域；又如，人造骨骼的打印制作、人体器官的打印制作，乃至航空航天系统中需要使用到的精密的零部件等。以生活食物为原料打印一些结构有趣的花样食品，既可实现口感的层次化，又能呈现出较好的艺术美感。随着 3D 打印技术的发展，生活中处处都离不开其身影。本书第 6 章也会有对于其应用领域的介绍，此处不再赘述。

1.2.2　限制因素

3D 打印的限制因素主要包括以下几个方面：打印材料、打印机、知识产权、人伦道德、成本花费以及就业率等，以下对这几个限制因素做详细的解释。

1. 材料的限制

目前，3D 打印所使用的材料并不广泛，虽然某些常见的材料，如金属、树脂、塑料、陶瓷等实现了 3D 打印，但打印的精度不够高、材料的强度不足等，使 3D 打印技术依然有很大的局限性。并非生活中常见到的所有材料都能够进行 3D 打印，所以 3D 打印在材料方面还有着很大的进步空间。

2. 打印机的限制

在打印机方面，位移的步距、针头、激光、材料表面张力、成本等因素都需要考虑。首先是打印机的制作成本，因为所使用的技术较为先进，所以要想使 3D 打印机进入千家万户，让普通人都可以使用到 3D 打印机还是有一定的难度。

其次，3D 打印机对静态的物体进行打印是很容易实现的，但是要想打印一些动态的物体，并且保证其清晰度，对于目前的 3D 打印机来说还有很大的困难。不过，科学家们现在正在致力于解决这些问题，相信在不久的将来，这些问题都会得到很好的解决。

3. 知识产权的限制

众所周知，只要计算机的建模软件能够构建出模型，那么 3D 打印机就可以对其进行打印。这样一来，3D 打印在方便生活的同时也带来了一些麻烦，就是知识产权问题。许多创意会因网络的传播而被人们随意地复制抄袭。这一现象的泛滥是因为缺乏关于 3D 打印的法律法规来保护知识产权，但相信很快会有相应的法律法规出台来解决这些问题。

4. 人伦道德的限制

3D 打印研究应用涉及很多领域，其不仅在工业领域有很大的应用，而且在医学领域同样有很大的应用，如可以用于器官移植方面。通过对人体的某些器官进行 3D 打印，培养出新的人体器官，这样不需要捐献者进行器官的捐献也能够得到新的人体器官。但是对于 3D 打印来说，道德的底线是什么？是否违背道德底线这一界限很难去判定，生物器官的打印在不久的将来可能会受到道德的约束。

5. 成本花费的限制

第一台发售的 3D 打印机定价为 15000 元，可见其成本价格昂贵。想要 3D 打印机大规模使用，必然要想办法降低其成本，从而降低价格让人们更容易接受。除了打印机的高成本之外，3D 打印的某些耗材也是十分昂贵的，例如，SLA 打印机所使用的树脂耗材的价格就比 FDM 打印机所使用的 PLA 耗材要昂贵很多。

6. 就业率的限制

科学技术的发展是具有两面性的，它在给我们的生活带来便利的同时，也会导致在就业问题方面出现困难。3D 打印技术就是如此，因为 3D 打印技术的迅速发展，影响并且严重冲击了传统的制造领域。如果 3D 打印技术被广泛应用于各行各业之中，就会造成大量制造人员的失业，因此，这也是 3D 打印技术没有广泛普及的原因之一。

第2章 3D打印工艺分类

3D打印是用于从虚拟立体模型数据中制造各种构型和诸多复杂构图的增材制造工艺。1986年，查尔斯·胡尔在SLA工艺中发展出了这项技术，随后又出现了粉末层融合、FDM、喷墨打印和轮廓工艺（CC）等后续工艺。涵盖各种制造工艺、打印原材料和装置的3D打印技术，近些年成长迅速，已拥有了革新制造工艺和物流流程的能力。

根据3D打印成型工艺的不同，可以对3D打印技术进行一些详细的分类。一般来说，按照打印时的出料情况不同，可以将其分为四大类：片、线、颗粒和黏结材料。随后再将片、线、颗粒和黏结材料进行进一步的细分。片材叠加成型可以进一步分为：数字光处理（DLP）技术、连续液体界面提取（CLIP）技术、LOM技术等；线材叠加成型可以进一步分为FDM3D打印、直接墨水书写（DIW）3D打印等；颗粒叠加成型可以进一步分为：SLA3D打印、纳米金属颗粒喷射（NPJ）技术、聚合物喷射（Polyjet）技术等；黏结材料成型技术可以进一步分为：SLM技术、SLS技术、黏结材料型3D打印（3DPrint）等。随着3D打印技术的不断发展，许多新的3D打印技术孕育而生，本章最后的部分将一些新型3D打印技术归为其他先进的3D打印技术进行介绍。

通常3D打印技术中最常见的技术为FDM打印技术，这种技术主要使用聚合物长丝作为耗材。除此以外，SLS、SLM或3D打印中的液相结合（3DPrint）技术以及喷墨打印、轮廓工艺、立体光刻、直接能量沉积（DED）和LOM等方法也是3D打印常用的打印技术。双光子聚合（TPP）、立体光固化成型（SLA）技术和电流体动力喷墨打印技术（EHDP）是一些新兴的打印技术，在3D打印领域同样有着广泛的应用前景。

因为3D打印技术众多，所以不能详细地将每一种类型的3D打印技术都进行具体的介绍，下文按照以上分类顺序，对3D打印领域当中几种常见的打印技术进行具体介绍，包括该技术的发展简介、成型原理、所使用的打印耗材的种类及特点、这种打印技术的优缺点以及其他的应用领域有哪些。由此可见，这是最为重要的章节之一，希望读者在阅读本章节的过程中可以适当做一些笔记，并进行详细思考。

表2.1是3D打印技术的另一种分类方法，读者也可以进行参考。

表 2.1　3D 打印技术的分类

类型	技术	材料
挤压	FDM	热塑性塑料、共晶系统金属、可食用材料
线	电子束自由成型制造(EBF)	几乎任何合金
粒状	DMLS	几乎任何合金
	EBM	钛合金
	SLM	钛合金、钴铬合金、不锈钢、铝
	选择性热烧结（SHS）	热塑性粉末
	SLS	热塑性塑料、金属粉末、陶瓷粉末
	石膏 3D 打印(PP)	石膏
粉末层喷头 3D 打印	LOM	纸、金属膜、塑料薄膜
层压	SLA	光固化树脂
光聚合	DLP	光固化树脂

2.1　颗粒叠加成型

3D 打印技术中诞生最早的打印技术为颗粒叠加成型技术。这种技术是将耗材以颗粒状或者是点状的形式进行逐层堆积，由点到线再到面，进而形成模型实体。这种技术在 3D 打印领域也十分常见。本节所介绍的颗粒叠加成型技术分别是：SLA、NPJ、Polyjet。

2.1.1　立体光固化 3D 打印（SLA）

SLA 的全称为立体光固化成型（stereo lithography appearance）。这种技术诞生于 1984 年，是第一个真正意义上的 3D 打印技术，因此这一年也被称为 3D 打印技术的元年，这一点在前文中的 3D 打印大事年表中已经提及。SLA 因为打印成本较低，耗材也相对便宜而受到了广泛的关注，并且在许多领域中得到了很好的应用。前文中提到的两种打印技术，DLP 打印技术和 CLIP 打印技术都是在 SLA 的基础上进行改良的。由此可见，SLA 的发展已经较为成熟。

SLA 是增材制造领域最普遍和最受欢迎的技术之一。它的工作原理是使用高功率激光来硬化容器中的液态树脂，以产生所需的 3D 形状。简而言之，该工艺使用高功率激光和光聚合以逐层方式将光敏液体转化为 3D 固体塑料。

SLA 是 3D 打印中采用的三种主要技术之一，另外两种技术是 FDM 和 SLS。SLA 属于光敏树脂 3D 打印技术类别。通常与 SLA 组合的类似技术称为 DLP。它代表了 SLA 过程的一种演变，只不过使用的是投影仪而不是激光。尽管不如 FDM 技术受欢迎，但 SLA 实际上是最古老的增材制造技术，SLA 的出现使得 3D 打印技术进入了大家的视野。

"立体光刻术"一词源自古希腊语。"立体"和"（照片）平版印刷术"分别表示"实心"和"带光的书写形式"。作为最古老的增材制造技术，SLA 被认为是"所有 3D 打印技术的母亲"。它由美国 3D Systems 公司开发，该公司由查尔斯·胡尔于 1986 年创立。查尔斯·胡尔在同年创造了"立体光刻"这一术语。他将这项技术定义为通过连续印刷紫外线固化的薄层来制造 3D 物体的方法。1992 年，3D Systems 创建了世界上第一台 SLA 设备，其可以在很短的时间内逐层制造复杂零件。SLA 在 20 世纪 80 年代首次进入快速原型制造领域，并继续发展成为一种广泛使用的技术。

SLA 出现的时间较早，最早出现于 20 世纪 80 年代早期。SLA 打印机的激光器的工作原理为：激光通过高速移动的反射镜检测器偏转，通过在 X 和 Y 轴方向的移动，将光束引导到适当的点，从而在固定点引导树脂单体的聚合。根据设计的程序由点到面完成一层特定的形状和图像的构建之后，成型平台会向激光器的方向移动一层高度，从而继续下一层的固化。虽然 SLA 不同于真正意义上的颗粒叠加成型，但这种打印技术的成型方式也是将激光打在一个点上，进而由点到面，由面到体进行的，因此在进行分类的时候将 SLA 列为颗粒叠加成型的部分。

每个标准 SLA 3D 打印机通常由四个主要部分组成。

（1）装有液体光聚合物的罐：液态树脂通常是透明的液体塑料；

（2）浸入水槽的穿孔平台：平台下降到水箱中，可根据印刷过程上下移动；

（3）高功率紫外激光器；

（4）计算机界面：管理平台和激光运动。

SLA 打印技术原理与 FDM 等打印技术有所不同，SLA 使用的光敏树脂耗材是打印技术的关键，这种材料经过光的照射以后会发生固化现象。SLA 打印技术的原理如图 2.1 所示。

首先，成型平台固定在液体树脂槽中，距离液体表面为一层的高度。紫外激光通过选择性地固化光聚合树脂，一层一层打印。激光束通过一组名为 galvos 的镜子聚焦在设定的路径上。对模型的整个横截面进行扫描，使打印部分固化。当一层打印完成后，成型平台继续向下移动到一个适当的距离。树脂有较高的黏度，在移动的过程中会导致液面不平整，因此要用到刮刀为表面覆上新的一层光敏树脂，让树脂液面变得平滑，使得光固化更容易进行。随后重复这个过程，直到模型打印完成。

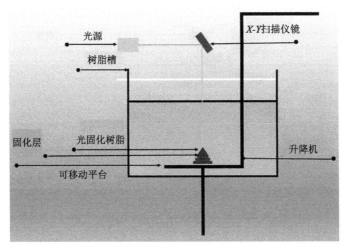

图 2.1　SLA 打印技术的原理

在模型打印完成后，此时的模型仍然处于较为柔软且还没有完全固化的状态，因此还不能使用，需要对其进行进一步的后处理。在这个阶段中，主要是去除模型的支撑材料，并且进一步加强模型的硬度，使其不再柔软，这一过程被称为 3D 打印技术的后处理过程。在后文的章节中，会有专门一章内容对后处理过程进行详细的讲解，此处不再过多赘述。

由上文内容可以得知，以 SLA 打印技术将模型制作完成后需要采用一些后续工艺对其进行处理。那么 SLA 打印技术的整个打印流程是什么呢？

SLA 打印机的基本构造见图 2.2，其打印流程可以分为前处理、制作原型和后处理三个阶段。第一阶段也就是前处理，主要是通过 CAD 设计出 3D 实体模型，再对原型进行数据转换、摆放方位确定、施加支撑等处理工作，然后设计扫描路径，生成的数据会精准控制激光器和升降台的移动，实际上就是为原型的制作准备数据；原型制作就是在专用的光固化快速成型系统上进行光固化成型。在制作原型前，首先要提前运转光固化快速成型设备系统，以使树脂材料的温度达到预定的合理温度。激光点燃后仍然需要一定时间的稳定。设备正常运行后，启动样机控制软件，读取预处理层的数据文件，开始叠层制作。整个叠层的光固化过程是在软件系统的控制下自动完成的，所有叠层制作完毕后，系统自动停止。后处理是在快速成型系统中原型叠层制作完毕后，再进行剥离等后续处理工作，以便去除废料和支撑结构等。

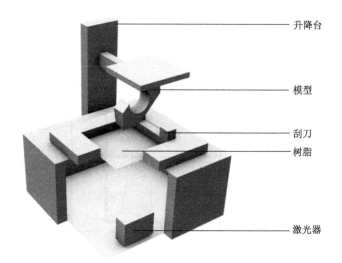

图 2.2　SLA 打印机的基本构造

升降台

模型

刮刀
树脂

激光器

　　前处理（图 2.3）就是在使用 SLA 打印机之前，预先在计算机建模软件中进行模型的设计和建立，随后应用各种不同的切片软件对需要打印的模型进行摆放位置和方向的调整，包括增加支撑材料以及设定打印机参数。通过这种方法才能保证打印的模型更加稳定、精确，且打印时不容易出现倒塌的现象。

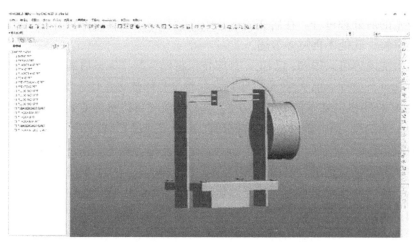

图 2.3　模型的前处理过程

　　接下来进行原型制作的阶段：首先需要在树脂槽中盛满液态光敏树脂，可升降台位于液面下一个截面层厚的高度，激光束经聚焦后在计算机系统的控制下沿液面进行扫描，被扫描的光敏树脂区域固化，从而得到该截面的一层树脂薄片；升降工作台下降一个层厚高度，液体树脂再次暴露在光线下，再一次进行扫描固化，如此重复，直到整个产品成型。当升降台高出液体树脂表面时，取出工件，然后再进行相关后处理，模型成型见图 2.4。

图 2.4　模型成型

后处理所要做的工作对零件本身来说也十分重要，可以通过强光照射、电镀、喷漆或着色等处理使得模型本身更具有美感和观赏性，一定要去除支撑材料，因为 SLA 打印机的耗材是树脂类物质，所以支撑材料的去除不像 FDM 打印材料那么轻松。因为连接情况不同，相对于 FDM 打印机来说，SLA 打印机所增添的支撑材料更加难以去除，所以去除支撑材料对模型本身的外观和触感至关重要。

SLA 作为 3D 打印技术领域的开山鼻祖，因为其模型精美细致，打印速度快，效率高而受到了大家的欢迎。相比较传统的 3D 打印技术，SLA 打印技术使用较为广泛，但是任何一种技术都不可能是完美无缺的，SLA 打印技术也具有它的局限性。

首先介绍 SLA 打印技术的优点。

（1）发展时间较长，工艺较为成熟，应用最为广泛。SLA 系统约占全世界快速成型机的 60%～70%。

（2）成型速度较快，系统工作稳定。

（3）精度比 SLS 更高，可以做到微米级别，如最高可以做到 0.05 mm，随模型增大，精度会受影响。

（4）表面质量好，而且比较光滑，适合做一些精细的零件。

（5）可以打印大尺寸模型，目前市面上 SLA 的设备可以做到接近 2 m，2 m 以内的模型可以直接成型，其他打印技术在打印尺寸方面远不如 SLA 打印技术。

（6）SLA 打印技术通过 CAD 数字模型直接制作，生产周期短、加工速度快且不需要刀具和模具。可加工结构形状复杂或传统方法难以成型的原型和模具。

（7）SLA 打印机可联机操作，可远程控制，利于生产的自动化。

再来说一下它的局限性。

（1）SLA 最大的缺点就是模型需要支撑结构。若设计者选择 SLA 制作模型，则需要做支撑结构，而且支撑结构需要在模型固化前去除，这是它与 SLS 相比较为劣势的一点。

（2）由于温度过高时大多数树脂材料会熔化，因此工作温度不能超过 100℃，且固化后较脆，易断裂。但在打印耗材中存在耐 250℃高温和高韧性的树脂，如果选择这种树脂，这两个问题的出现也许就会大概率地减少。

（3）SLA 系统不仅成本高，而且使用维护成本高。

（4）SLA 系统是一种对工作环境有严格要求的精密液体操作设备。

（5）由于成型件多为树脂类，其强度、刚度、耐热性有限，不利于长时间保存。预处理软件与驱动软件计算量大，与处理效果有很高的相关性。

（6）软件系统操作麻烦，难度大；大多数设计人员不熟悉使用的文件格式。

在 SLA 系统中，大多数打印机参数由制造商固定，不能更改。唯一能自定义的是层厚度和模型方向（后者决定支撑位置）。SLA 中的层厚度在 25～100 μm 之间。较薄的层厚度可以更精确地捕捉曲线几何图形，但会使打印时间（成本）以及打印失败率增加。100 μm 的层厚度适用于大多数软件。打印尺寸是另一个很重要的参数，它取决于 SLA 机器的类型。有两种主要的 SLA 机器类型：下沉式和上拉式，分别如图 2.5 和图 2.6 所示。

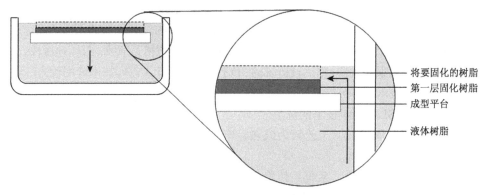

图 2.5　下沉式 SLA 打印机

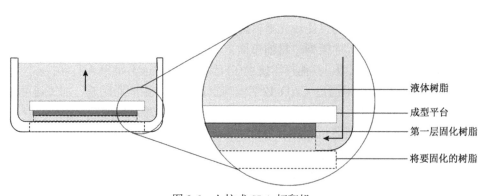

图 2.6　上拉式 SLA 打印机

　　下沉式 SLA 打印机将激光光源置于料槽上方，模型朝上。成型平台从树脂槽的顶部开始，每层成型后向下移动。上拉式 SLA 打印机将光源置于树脂槽下方，模型向下成型。料槽底部透明，带有硅酮涂层，涂层让激光通过，并让固化树脂不粘贴在槽底。在每一层成型后，固化的树脂被从槽底分离出来，随着成型平台向上移动。这个步骤就是剥离。

　　上拉式 SLA 打印机主要用于桌面级打印机，而下沉式通常用于工业级别的 SLA 系统。上拉式 SLA 打印机更容易生产和操作，但是它们的打印尺寸很受限，因为在剥离过程中的拉力可能会导致打印失败。而下沉式打印机可以兼容非常大的打印尺寸，精度也不会有很大的偏差，但价格却很贵。

　　表 2.2 总结了这两种方式的主要特点和区别。

表 2.2　上拉式和下沉式 SLA 打印机的主要特点和区别

类别	上拉式（桌面级）SLA	下沉式（工业级）SLA
优点	价格更低 使用更广泛	可打印较大模型 打印时间更短
缺点	打印尺寸受限 可用材料受限 因大量使用支撑，后处理工作更多	价格更高 需更专业的操作 更换材料麻烦，需清空料槽
打印尺寸	大多数 300 mm 以下	300～1500 mm 都有
层厚度	25～100 μm	25～150 μm
精度	±0.5%（最低：±0.010～0.250 mm）	±0.15%（最低：±0.010～0.030 mm）

　　SLA 打印始终需要支撑结构（图 2.7）。支撑结构采用与模型相同的材料进行制作，打印后必须手动拆除。模型方向决定了支撑的位置和数量。合理摆放模型，确保美观度，且重要的展示面不会接触到支撑结构。

　　上拉式和下沉式 SLA 打印机使用支撑的方式不同。

　　下沉式 SLA 打印机中，支撑添加类似于 FDM。悬空和跨桥需要精准打印（临界悬空角度通常是 30°）。模型可以面向任何方向摆放，但通常都是平放，以尽量减少支撑的数量和总层数。

　　上拉式 SLA 打印机中，情况就要复杂得多。悬空和跨桥仍然需要支撑，但是每一层的横截面积至关重要：在剥离过程中施加到模型上的力可能会导致它与成型平台分离。这些力与每层的横截面积成正比。因此，模型需面向某一角度来减少支撑产生的影响。

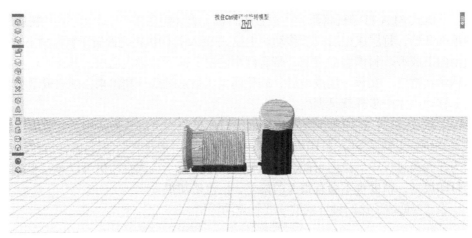

图 2.7　模型的支撑展示

2.1.2　纳米颗粒喷射技术（NPJ）

NPJ 打印技术的全称是 nano particle jetting，中文名称是纳米颗粒喷射技术。该项打印技术是由以色列的 Xjet 公司开发研制的，使用的打印耗材是金属材料。与普通的激光 3D 打印技术相比，NPJ 打印技术使用的是纳米液态金属，以一种类似喷墨的方式进行打印，将这种金属颗粒通过沉积的方式沉积成型。这种打印技术的速度甚至是普通打印技术的五倍，且打印出来的模型精度也非常高，没有任何粗糙之处。

NPJ 技术非常惊艳。首先，NPJ 工艺会通过压电打印头把纳米颗粒金属"墨水"沉积在基板上。成型室的高温导致液态溶剂挥发，留下黏结在一起的金属颗粒。打印完成后，产品会在炉内进一步烧结得到完全致密的金属零件。

NPJ 打印技术的层厚能达到惊人的 1 μm。它采用一种特殊的支撑材料，在烧结过程中能完全被烧掉。这就意味着 NPJ 打印技术可以轻松实现一些其他金属 3D 打印工艺（图 2.8）难以胜任的复杂零件。NPJ 打印技术除了可以很好地实现一些复杂零件的制作，还有一个优势是，其他打印技术在后处理方面需要去除掉复杂的支撑结构，耗时耗力，且在去除支撑材料的过程中还可能会破坏模型本身的完整性。而这种打印技术的支撑材料在将模型进行烧结的过程中就可以将支撑结构部分完好地去除掉，省去了后处理过程中的一大步骤，且减小了后处理时模型被损坏的风险。

其他金属 3D 打印工艺，如 DED 或者 SLM，有一典型特征，悬臂结构等设计特征需要支撑结构，打印完成后支撑结构需要切除掉。然而对于 NPJ 工艺，除了烧结，不需要其他后处理过程。因此，NPJ 工艺可以打印金属零部件，如一些简单的齿轮。除此以外，这项技术还非常灵活，可以用来 3D 打印陶瓷产品。

图 2.8　金属 3D 打印技术的微观展示

NPJ 3D 打印技术具体流程如下：

（1）彻底粉碎，3D 打印机首先将大分子金属颗粒粉碎成纳米级技术颗粒。

（2）注入墨水，液态金属材料由两部分组成：纳米级金属颗粒和特殊黏合墨水。粉碎后的金属颗粒会注入 Xjet 研发的黏合墨水中，金属不会在墨水中融化，而是形成悬浮物充满整个腔体。

（3）挤出液态混合物，固化成型，打印产品。

这种技术的优点之一是可以使用普通的喷墨打印头作为工具，二是可以通过特殊的技术在不受任何外力的情况下熔化和移除支撑结构，这个在上文中已经提到。与传统 SLS 金属 3D 打印工艺相比，该工艺需要相同材料来构建支撑，不仅实现起来更容易，而且可以显著降低浪费和成本，并给设计者更多的自由，因为它是通过熔化去除的，理论上可以无限量地添加。

该工艺所印制的金属零件在力学性能等方面几乎可以与传统的铸造模型进行比较。此外，与其他金属 3D 打印技术相比，该技术不仅清洁，而且可实现更强的一致性。总之，这种技术具有很多优势，包括：①产品精度更高；②产品尺寸更灵活；③成本节约和材料利用率高；④无需研磨即可直接使用产品；⑤安全、无需真空环境；⑥选材方便、粒径可调；⑦支撑方便拆卸；⑧流程简单。

2.1.3　聚合物喷射技术（Polyjet）

Polyjet 打印技术的中文全称是聚合物喷射技术，是以色列 Objet Geometries 公司研制的新型打印技术，这项打印技术在 2000 年推出专利，并且发展至今。Polyjet 是当前 3D 打印技术领域中最为先进的技术之一。这种打印技术与后文中提到的 3DPrint 打印技术有些类似，但也有一些区别，区别在于 Polyjet 打印技术在喷射出的物质方面与 3DPrint 打印技术不同，Polyjet 打印技术喷射的是聚合成型材料。如图 2.9 所示为 Polyjet 打印技术聚合物喷射系统的结构。

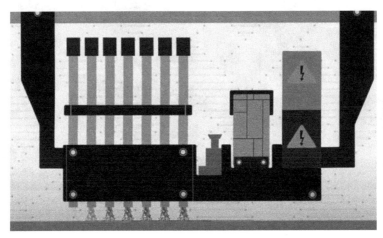

图 2.9　Polyjet 打印技术聚合物喷射系统

Polyjet 的展示图如图 2.10 所示，其工作原理与喷墨打印机十分类似，不同的是喷头喷射的不是墨水而是光敏树脂，其喷射打印头沿 X 轴方向来回运动，当光敏树脂材料被喷射到工作台上后，紫外光固化灯将沿着喷头喷射方向发射出紫外光对聚合物光材料进行固化。完成一层的喷射打印和固化后，设备内置的工作台会极其精准地下降一个成型层厚，喷头继续喷射光敏树脂材料进行下一层的打印和固化，一层接着一层，直到整个工件打印制作完成。

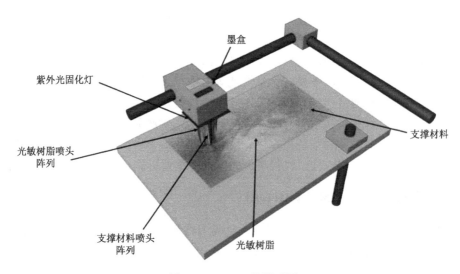

图 2.10　Polyjet 的展示图

　　工件成型的过程中将使用两种不同类型的光敏树脂材料,一种用来制备实际模型,另外一种类似胶状的树脂材料用作支撑材料。进行这样的区分,很大程度上是为了方便 Polyjet 打印技术打印出来的模型的支撑结构的去除,并且不会损坏原始模型。

　　这种支撑材料在成型的过程中被添加到复杂成型结构模型所需的精确位置,如一些悬空、凹槽、复杂细节和薄壁等的结构。当整个打印成型过程完成后,使用特定的水枪就可以把这些支撑材料去除,最后留下表面整洁光滑的成型工件。

　　使用 Polyjet 技术所制备的工件精度非常高,最薄层可达到 16 μm。设备提供密封的成型工作环境,适于普通的办公室环境。此外,Polyjet 技术还支持多种不同性质的材料同时成型,能够制备非常复杂的模型。

　　Polyjet 技术的优点如下:

　　(1)质量高,分辨率最高可达 16 μm,可以获得流畅且非常精细的部件与模型;

　　(2)精确度高,精密喷射和构建可保证材料的细微部分精细;

　　(3)清洁容易,适用于办公室环境,采用非接触式树脂载入、卸载,容易清除支撑材料,容易更换喷射头;

　　(4)快捷,全宽度上的高速光栅构建使得流程较快,可同时构建多个项目,并且无需事后凝固;

　　(5)用途广泛,光敏树脂材料品种多样化,可以制备不同几何形状、机械性能和颜色的部件,Polyjet 技术还支持多种型号(多种颜色)材料同时喷射。这对于其他打印技术来说是很难实现的。

　　Polyjet 技术的缺点:

　　(1)在成型过程中需要结构支撑;

　　(2)耗材成本相对较高;

　　(3)强度较低,由于材料是树脂,制备的部件强度、耐久度不高。

2.2　线材叠加成型

　　上文对于颗粒叠加成型技术及其相关技术的例子进行了详细的阐述,这部分内容将对于 3D 打印工艺分类的第二个部分进行讲解,就是线材叠加成型技术。这部分 3D 打印技术在人类的日常生活中应用十分广泛,最常见的就是 FDM 打印技术,这种技术因为成本低,长期占据着 3D 打印技术的市场,受到业内人士的广泛关注。因为成型过程是将耗材以线条形式逐层堆积而成,因此将这类打印技术称为线材叠加成型技术,本节将对线材叠加成型技术中的熔融沉积成型 3D 打印技术和直接墨水书写 3D 打印技术进行简单的介绍。

2.2.1　熔融沉积成型（FDM）3D 打印

FDM 技术是 fused deposition modeling 的简称，又可以称为熔融堆积技术，是快速成型技术的一种。由于这种技术具有成本低廉的优势，在 3D 打印领域受到了大众的广泛追捧。该技术可广泛应用于教育、科研、航天航空、汽车、家电、医疗、机械制造、精密铸造、工艺品以及玩具等行业。FDM 打印机如图 2.11 所示。

图 2.11　FDM 打印机

这种技术由美国学者 Scott Crump 于 1988 年研制成功。FDM 的材料一般是热塑性材料，如蜡、ABS、尼龙等。以丝状材料在喷头内被加热熔化，喷头沿零件截面轮廓和填充轨迹运动，同时将熔化的材料挤出，材料迅速凝固，并与周围的材料凝结，经过这种过程的层层叠加后，得到设计者需要的 3D 模型。

FDM 的打印技术原理十分简单，首先，将耗材（常用的耗材为 PLA 材料）填入 FDM 打印机中，在打印机的喷头处进行高温加热，将材料高温熔化成熔融状态，随后从喷头处将材料挤出，类似于平时刷牙用的牙膏从管中挤出的状态。将这种熔融的材料按照输入打印机的模型的形状进行逐层绘制，当熔融的材料从打印机的喷头处挤出时，因为外界的温度与喷头处的温度相差较大，所以熔融的材料会在打印台上快速逐层地凝固，最后叠加成为所需模型。FDM 打印示意图如图 2.12 所示。

图 2.12　FDM 打印示意图

　　FDM 打印技术的原理在众多打印技术中属于非常简单的一种, 简而言之, 它的打印原理类似于普通的 2D 打印, 区别就在于它是将一个模型分成多层, 随后进行一层一层的打印, 最后拼接成为所需的模型。根据模型形状的不同, 有时候需要在其中增加支撑材料, 用来保证模型的完整性和稳定性, 不至于在打印过程中出现模型的坍塌与损坏。

　　在介绍完 FDM 打印技术的原理之后, 那么 FDM 打印机在打印的过程中需要经过哪些步骤呢? 接下来对 FDM 打印流程及打印过程中的注意事项进行简单的介绍。

　　大多数 3D 打印技术的流程都基本类似, 大致将其分为三个步骤: 打印前的预处理, 进行打印, 打印完成后的后处理。FDM 打印技术同样不例外, 在打印前首先要进行模型的绘制, 这个步骤使用到的工具是计算机中的建模软件和切片软件。在建模软件中进行模型的绘制并根据自己的需要进行尺寸的调节, 随后将模型文件保存为 STL 格式并使用 FDM 切片软件打开, 对绘制好的模型进行切片。在切片过程中, 切片软件也会根据模型的结构在相应的位置构造出支撑材料, 这部分支撑材料并没有包括在模型中, 在后期要将其用物理手段去除。而打印机在打印支撑材料的时候, 也会将其与模型本身进行区分, 主要是密度上的区分, 支撑材料所用的耗材的密度通常会低于模型本身, 为的就是后期去除时的便利。

　　进行完第一步, 随后就会进入整个打印流程中最关键的一步, 进行打印, 这一步虽然最为关键, 但基本上没有人为可控制的因素, 主要是打印机自动进行, 并且会耗费大量的时间, 而能做的就是对打印过程进行检测, 检查有无打印偏离或者是机器的损坏现象, 这些问题一旦出现, 都会造成打印失败。

打印结束后，先不要立即取出模型，让其在打印台上进行一段时间的冷却，待其凝固后再将模型取出。模型取出后并没有结束打印过程，因为这时候的模型还是一个半成品，除了模型部分之外，还有支撑材料部分，支撑材料部分需要用铲子和剪刀将其去除掉。最后用砂纸之类的材料在模型上进行打磨，使其表面没有毛刺，并变得光滑，最后可以根据使用的需要进行颜色的涂抹等其他额外步骤。

FDM 打印技术受到了业内人士的广泛关注，而且 FDM 打印技术在打印机行业使用频率很高，这种技术究竟有哪些优点，又有哪些不足？接下来对 FDM 打印技术的特点进行梳理。

FDM 打印技术的优点如下。

（1）制造系统没有有毒气体或化学物质，可用于办公环境。

（2）可快速构建瓶状或中空零件。

（3）塑料丝材容易清洁和更换：与使用粉末和液态材料的技术相比，丝材更容易清洁，易于更换和保存，不会在设备中以及附近的环境中形成粉末或液态污染。

（4）避免了激光的使用，造价低、维护简单：价格是成型工艺是否能够应用于 3D 打印的一个重要因素。多用于概念设计的 3D 打印机对原型精度和物理化学特性要求不高，价格低廉是其能推广开来的决定性因素。

（5）可选用多种材料，如可染色的 ABS 和医用 ABS、聚碳酸酯（PC）、聚苯砜（PPSF）等。

（6）后处理简单：去除支撑结构仅需数分钟的时间。

FDM 打印技术的缺点如下。

虽然基于 FDM 技术的 3D 打印机已经经过了几十年的发展，并得到了广泛的应用，但是它仍然存在许多不足之处，如成型精度低、打印速度慢、智能化程度低以及使用的原材料有诸多限制等。

缺点一：成型精度低、打印速度慢。这是限制 FDM 型 3D 打印机实际应用的主要问题所在。由于成型精度和打印效率呈反比关系，即高速打印获得低精度产品，低速打印获得高精度产品，追求高精度的同时将使打印速度大幅度降低，这是企业所不期望的。因此，要解决精度低与速度慢的问题，就必须要使两者兼顾。与此同时，我们在使用新技术的同时要兼容和继承老技术，即增材制造结合切削减材制造技术，具体来说，就是把传统切削加工应用到 3D 打印成型过程中，采用低精度的打印工艺，保证成型速度，然后用去除材料的措施来保证成型精度。

缺点二：控制系统智能化水平低。虽然基于 FDM 技术的 3D 打印机操作相对较为简单，但在成型过程中，仍会出现问题，这就需要有丰富经验的技术人员操作机器，以便观察成型状态。当成型过程中出现异常情况时，由于现有系统无法进行识别，也不能自动调整，如果不进行人工干预，将造成无法继续打印或将缺陷留在工件里，这一操作上的限制将影响 3D 打印的普及性，因此 3D 打印机智能化非常重要。"智能识别和反馈功能"是目前 3D 打印系统迫切需要的，可以通过软件的开发使得 3D 打印机具备自主学习功能，从而实现 3D 打印机向"3D 打印机器人"的转变。

缺点三：打印材料限制性因素较多。目前在打印材料方面存在很多缺陷，根据前文有关材料的介绍，可以了解到材料种类和环保性方面存在的问题正在逐步解决，但是，仍有许多方面有待进一步改进，如 FDM 用打印材料易受潮、成型过程中和成型后存在一定的收缩率等。打印材料受潮，将影响熔融后挤出的顺畅性，易导致喷头堵塞，不利于工件的成型，因此，用于 FDM 的打印材料要密封储存，使用时要进行适当的烘干处理；塑性材料在熔融后凝固的过程中，均存在收缩性，这会造成的问题主要是打印过程中工件的翘曲或脱落和打印完成后工件的变形，影响加工精度，浪费打印材料，改进办法主要是选用收缩率低的材料、采用恒温舱等。

FDM 打印技术在 3D 打印技术领域的应用前景广阔，有许多应用场景都离不开 FDM 打印技术，接下来对 FDM 打印技术应用领域进行具体讲解。

（1）FDM 打印技术在医学领域的应用。

随着科学技术的不断进步与发展和医疗水平的不断完善，在若干年前觉得不可思议的事情，现在变得再寻常不过了。例如，假肢的问题就可以使用 FDM 打印技术进行解决，选好特定材料并将构建好的假肢模型输入到打印机中进行打印，当假肢打印完成后就可以给患者进行手术将假肢固定到特定部位上。

除了进行假肢植入手术外，FDM 打印技术还可以应用于对患者患病的原因进行更具体的分析，从原来的 2D 模式下的电子计算机断层扫描（CT）图像转变为 3D 模型的具体呈现，使病因分析更为直观，帮助更快地对症下药，帮助患者恢复身体健康。

FDM 打印技术还可以应用于手术模拟上，在对患者进行真正的手术之前利用 3D 打印技术对将要进行的手术预先进行一次模拟，可降低手术的风险，提高手术成功的概率。

也可以根据实际案例制作实体模型应用于教学中，有利于帮助学生更好地掌握手术操作技能。

FDM 技术的 3D 打印机在医疗领域主要用于康复治疗、医疗辅助用具和手术预判模型三个方面。3D 打印个性化定制的优势非常明显，可定期采集患者的数据，制作出完全匹配、针对性极强的矫正件，并且可以实时更换。对于加快矫正进程，提升治疗效果有显著的优势。同时可提升使用者的体验，相比于传统矫正件制造工艺，缩短了制造周期，提升了矫正件的精准性，降低了制作的成本。

一直以来，在骨科手术中，医生都是根据临床经验确定开槽位置。如果开槽偏向内侧，则会损伤骨髓；如果偏向外侧，则会损伤动脉。采用 3D 打印技术辅助手术，可以精准地确定患者骨骼表面的开槽位置，降低手术风险。

　　可见，将 3D 打印技术运用于此类手术中，无论是对患者而言，还是对医疗手段而言，都是有极大好处的。3D 打印技术应用于医疗行业已经成为一种趋势，例如，被广泛用于医疗整形、手术模拟、牙齿正畸、冠桥手术、医疗器械设计等。

　　（2）FDM 打印技术在复合材料模具制作上的应用。

　　工业上的零件生产领域往往需要大量模具的制作，但模具的最终形状并非一次就能够制作成功，每生产出一个形状完美的模型，背后往往是成千上万模型的制作失败。而 FDM 打印就很好地解决了这些问题，除了减少了生产上的成本以外，还缩短了制作模型所需要的时间，因此得到了广泛的应用。

　　（3）FDM 打印技术在教育领域的应用。

　　一些高校已经广泛应用 3D 打印技术。例如，一些大学及高职院校可以通过 3D 打印技术培养学生硬件设计、软件开发、电路设计、设备维护、3D 建模等方面的能力。老师们也可以通过 3D 打印机打印教具，如分子模型、数字模型、生物样本、物理模型等。而中小学则可以通过 3D 打印技术培养学生 3D 设计、3D 思考能力并且提高动手能力，帮助学生将想法快速变为现实。有一些机器人大赛、方程式赛车等也用上了 3D 打印机打印零部件。FDM 打印实物如图 2.13 所示。

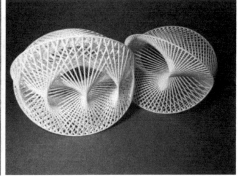

图 2.13　FDM 打印实物

（资料来源：https://www.flickr.com/photos/fdecomite/10299759233/in/photostream/）

2.2.2　直接墨水书写（DIW）3D 打印

　　直接墨水书写（DIW）3D 打印技术可用于制备各种材质及性能的材料，其应用领域非常广泛，包括电机学、结构材料、组织工程以及软体机器人等。该技术所使用的墨水类型有很多种，如导电胶、弹性体以及水凝胶等。这些墨水都具有流变性能（如黏弹性、剪切稀化、屈服应力等），有助于 3D 打印过程的实施。在 DIW 过程中，黏弹性墨水从 3D 打印机的喷嘴被挤压出来，形成纤维，随着喷嘴移动就可以沉积成特定的图案。但纤维直径通常受到喷嘴直径的限制，且沉积的图案受到喷嘴移动路径的限制，这限制了 DIW 技术的创新和应用。

麻省理工学院的赵选贺教授等提出了一种新型的 DIW 技术,利用黏弹性墨水的形变、不稳定性和断裂性,突破了上述限制。他们采用单一喷嘴,通过改变喷嘴离底板的高度和喷嘴移动的速度,可以控制纤维打印的直径大小和沉积图案,并且打印出了有梯度的、可以设计膨胀性能的 3D 结构。DIW 打印原理如图 2.14 所示。

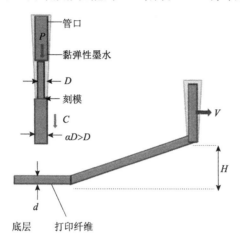

图 2.14 DIW 打印原理

C 为油墨挤出速度,V 为喷嘴移动速度,H 为喷嘴移动高度,D 为喷嘴直径,
αD 为油墨挤出时导致油墨的模头膨胀产生的印刷纤维的直径,P 为挤出时的压力

2.3 片材叠加成型

片材叠加成型,顾名思义,就是通过每个薄层之间直接叠加成型的 3D 打印技术。通俗来讲,例如,食品厂家在制作薯片的时候,将土豆切成若干个小片再进行油炸,而片材叠加成型就像是这个过程的逆向过程,即将每一个薯片叠加起来重新组成土豆,这也是片材叠加成型打印技术的基本原理。目前市面上存在的片材叠加成型的 3D 打印技术的种类也比较多,本节主要介绍三种打印技术,即 DLP、CLIP、LOM。

2.3.1 数字光处理(DLP)技术

DLP 打印技术全称是数字光处理(digital light processing)技术,这项技术是由美国得克萨斯州的得州仪器公司研发而成的。由名称可以得知这项技术使用的是数字光处理的技术,由于使用了激光成型,在选择耗材的时候同样使用光敏树脂,因为这种材料是可以遇光发生固化的材料,与 3D 打印技术行业的 SLA 打印技术相似。DLP 打印机及打印机截面图见图 2.15 和图 2.16。DLP 打印工艺的优势及劣势如表 2.3 所示。

图 2.15　DLP 打印机

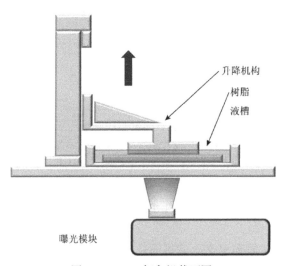

图 2.16　DLP 打印机截面图

表 2.3　工艺优势及劣势

优势	机遇
（1）固化速率快 （2）设备稳定性好 （3）结构简单 （4）35μm 高分辨率细节 （5）加工成本低	（1）新兴技术产业 （2）可预见的市场增长，并且存在合适应用

劣势	挑战
（1）加工尺寸受限，主要用于小体积物体打印 （2）材料限制（不适用金属，混合粉末）	（1）行业重组 （2）传统技术更新 （3）低成本方案

　　DLP 在传统意义上可以理解成投影机，一台完整的 DLP 投影机组成部分包括紫外光源、光路系统、DMD 芯片以及投影镜头。数字光处理技术就是使用光处理技术来进行打印的。而数字光处理技术就是先将影像信号经过数字处理之后，然后再把光投影出来。这其中最关键的设备就是数字微镜元件——DMD（digital micromirror device）。

　　DLP 打印机与 SLA 打印机类似，包含着一个树脂槽的关键结构，这个树脂槽中装有进行模型打印用的光敏树脂，这种光敏树脂是可以被特定波长的紫外光照射后发生光固化反应的。光源会被安排在树脂槽的下方，因此树脂槽的底部是透明的，在打印模型的过程中，光源每照射一层光敏树脂，则固化一层，相应的，在 DLP 打印机中的工作台上会有相应的提拉装置，当一层固化完成后这个提拉装置就会将平台升高一层，平台升高的距离与在切片软件中设置的分层厚度是保持一致的。依次类推，当提拉高度升至模型的高度时，则模型打印完毕，模型最终是以倒置的状态粘连在工作台上的。

　　在打印开始前，首先会进行前处理，这个部分会在后文的章节中进行详细的介绍。前处理是在计算机上完成的，它主要包括两个大步骤。首先就是将模型通过建模软件进行设计，包括模型的尺寸和结构，但需要注意的是，模型的尺寸和结构不能够宽于打印机工作台的尺寸和结构。待模型构造完成后，将该模型的文件存储为 STL 格式的文件。这是为了方便将模型导入到切片软件中，以便进行前处理过程的第二个步骤。其次是对模型进行切片，以及一些打印机参数的设定，将设置好的模型格式转化为 Gcode 格式，这是一般打印机常用到的格式。待这些都完成之后，再将 Gcode 格式的文件导入至打印机中进行打印，最终得到需要的模型。

　　相比市面上的其他 3D 打印设备，由于其投影像素块能够做到 50 μm 左右的尺寸，DLP 设备能够打印细节精度要求更高的产品，从而确保其加工尺寸精度可以达到 20～30 μm，面投影的特点也使其在加工同面积截面时更为高效。设备的投影结构多为集成化，使得层面固化成型功能模块更为小巧，因此设备整体尺寸更为小巧。

　　其成型的特点主要体现在以下几点：

　　（1）高固化速率（在 405 nm 相对较高）；

　　（2）低成本；

　　（3）高分辨率；

　　（4）高可靠性。

　　该技术应用于 3D 打印中具备诸多优势：

　　（1）高速的空间光调制器，显示速率高达 32 kHz；

　　（2）光效率高，微镜反射率达 88% 以上；

　　（3）窗口透射率大于 97%；

（4）支持波长范围在 365～2500 nm 之间；

（5）微镜的光学效率不受温度影响。

工艺优势：

（1）超高精度、表面光滑，除了局部支撑几乎不用打磨处理；

（2）材质好、纹路清晰、凸显细节；

（3）极具质感的视觉效果，制作速度快；

（4）可使用材料多（三十余种），以满足各种性能需求。

在介绍完 DLP 打印技术的原理之后，接着对 DLP 打印机设备的构造进行介绍，以阐述 DLP 打印机具体是如何工作的，以及打印机内部的每个部件的功能是什么，是如何起到这个作用的。

（1）设备构架：

DLP 设备的结构主要由投影部分、液槽成型部分、Z 向移动部分及整体框架构成。投影部分作为成型系统中最重要的环节，设备构架搭建主要是围绕其进行，目前大多采用现有一体化的投影硬件。

成型液槽需要充分考虑紫外光的穿透性及接合面的分离效果，Z 向移动部分较为简单，采用带驱动器的电机即可实现功能，系统的上位机软件要求能够进行模型的指定切片成图像处理，下位机软件则能够简易化实现片切的成型，简易的 DLP 设备架构如图 2.17 所示。

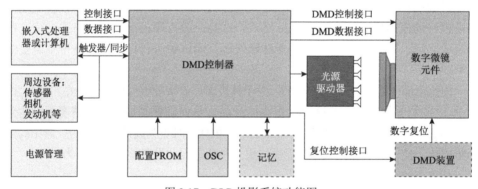

图 2.17　DLP 投影系统功能图

（2）面投影部分：

目前市面上有提供现成 DLP 投影硬件的厂商，通常采用 DLP 系列控制芯片，结合半导体光开关 DMD 组件实现 LED 光源投射效果。通常发光器件工作时发热较为严重，故 DLP 投影硬件的大部分区域为散热组件，硬件可以与不同镜头进行组合，并通过前期调节效果来固化镜头焦距，最终将该组件融合到设备内，构成 DLP 设备的能量源系统。DLP 硬件图如图 2.18 所示。

图 2.18　DLP 硬件图

与其他类型的 3D 打印技术相比，DLP 有显著优势，即无移动光束、振动偏差小、无活动喷头、无材料阻塞问题、无加热部件、电气安全性高、打印准备时间短、节省能源，且首次耗材少、节省用户成本。此外，该技术还可以制造一些精细的零部件，例如，戒指经过打印可在一定程度上降低成本，并且打印结束后可直接进行失蜡铸造，相对于传统工艺生产周期大大缩短。受操作简单、价格低廉及打印成本低等因素的影响，DLP 成型技术的 3D 打印机已逐渐被人们所认可。目前，DLP 3D 打印技术已逐渐应用于工业和制造业如食品、珠宝、建筑设计、医疗、航天等领域。

1. 珠宝行业

DLP 技术已经被广泛使用于珠宝行业。传统的珠宝行业所使用的方法过程复杂，且周期很长，并且制作出来的珠宝还不一定能够满足形状和精度的要求。而3D 打印技术的出现就可以很好地解决这一问题，因为打印机可以将计算机中的模型直接进行打印，降低了打印时设计与实物不符的概率。此外珠宝的部分细节需要做得非常精密，当结构非常微小时，也会出现一些问题。但是，3D 打印技术可以做得非常精密，以满足消费者的需求。通过 DLP 技术实现珠宝的快速成型过程如图 2.19 所示，其中实线部分表示可通过该技术进行替代。

3D 打印技术最突出的特点，也是 3D 打印机厂家大力宣传的一点就是，3D打印技术可以进行定制化设计，类似于 DIY，消费者可以根据自己的审美向厂家定制自己喜欢的模型，可以通过向厂家简单描述预期的模型效果而不需要进行专业的设计，当然有一定设计水平的消费者也可以向厂家提交自己设计的珠宝首饰的样貌，完全按照自己的喜好进行珠宝首饰的制作。珠宝首饰本身的用途就是用来装饰的，因此珠宝的外貌和样式还是十分重要的。

图 2.19　珠宝制造
实线部分可直接用 3D 打印取代

　　传统的制作珠宝的方式是使用蜡模的方式，采用 3D 打印技术替代传统工艺制作蜡模的工序，将完全改变这一现状，3D 打印技术不仅使设计及生产变得更为高效便捷，而且数字化的制造过程使得制造环节不再成为设计师发挥创意的瓶颈。

2. 牙科医疗
　　DLP 打印技术在牙科医疗的领域也有着非常广泛的应用，如图 2.20 所示。就

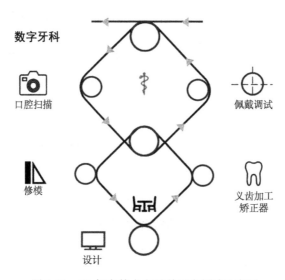

图 2.20　3D 打印技术在牙科医疗领域的应用

目前而言，口腔修复体的设计和制作还是以手工制作为主，这种方法制作的口腔修复体在精准程度方面与实际要用到的口腔修复体会有一定的差距，并且这种方法制作模型的效率较低，制作周期也较长，不能够快速地投入使用。但是通过 3D 打印技术可以很好地解决这个问题，首先通过 3D 扫描将患者的牙齿结构进行精准的扫描，然后将扫描完成的模型录入到建模软件中进行模型构建并转化为 STL 格式，其次用切片软件切片后再打印出来。这样简单几步就制造出了口腔修复体，此方法与传统手工方法相比，模型的尺寸更为精准，大小更合适，因此 DLP 打印技术成为了构建口腔修复体模型的不二之选。

3. 其他行业

DLP 技术的应用与其他 3D 打印技术有许多相似之处，如新产品初始样板的快速成型、精细零件的样板，同时随着光敏树脂复合材料的不断丰富，如类 ABS、耐热树脂、陶瓷树脂等新材料的开发，越来越多的应用将会被引入 DLP 3D 打印技术中，如图 2.21 所示即为 3D 打印技术制作的模型。

图 2.21　3D 打印技术制作的模型

以上内容经讨论以及在科研实践中的论证后，总结出 DLP 打印技术具有如下特点。

（1）优点：

打印成本较低、操作简单、成型速度较快。

（2）缺点：

材料存在局限性，必须是光敏的，这限制了其应用的范围。由于其打印过程是非连续性的，因此会存在明显的阶梯纹。

到目前为止，3D 打印技术广泛存在于市面上，它们不仅具有 3D 打印所特有的成型结构复杂的特点，同时还具如材料的种类应用广泛、使用高效、成本低等特点。作为高效微细成型的代表，随着成型材料的开发和应用领域的扩大，DLP越来越普及，将会开发出更多的功能，并推动 3D 打印软硬件技术的发展。

2.3.2　连续液体界面提取技术（CLIP）

CLIP 打印技术（图 2.22）是由北卡罗来纳大学的 Desimone 教授带领的团队开发的改进的 3D 打印技术。这种打印技术在 2015 年 3 月 20 日被刊登在了世界知名杂志 *Science* 上，由此引发了全球 3D 打印领域科研人员的关注。CLIP 打印技术的全称是连续液体界面提取技术，英文名称的全称是 continuous liquid interface production technology。这项技术之所以能够登上世界著名期刊 *Science*，主要是因为其在打印速度方面是传统 3D 打印技术的几十倍甚至是上百倍，这种技术帮助 3D 打印在其效率方面提升了很多，也因此为 3D 打印技术在应用方面带来了巨大的进展。CLIP 打印技术是 Carbon 3D 公司在 SLA 打印技术的基础上进行的革命性的改良，并且在分层理论上无限细腻。

图 2.22　CLIP 打印技术

3D 打印技术在发展过程中，最重要的成本耗费问题其实并不是材料的浪费问题，而是时间的浪费问题。如果能够在时间问题上对 3D 打印技术进行改良，那么 3D 打印技术的应用领域会变得更加广泛。一些 3D 打印技术虽然在时间问题上进行了大幅度的改良，但速度的提升使得打印出来的模型精度发生了不好的改变，因此实现打印速度与模型精度兼得是目前 3D 打印技术需要突破的瓶颈。而 CLIP 打印技术可以很好地实现打印模型的速度和模型精度兼得，主要是因为这种打印技术的打印原理并不是像其他打印技术那样进行逐层打印，而是进行连续液态界面成型。因此，与其他打印技术相比较而言，CLIP 打印技术可以提升 25～100 倍的打印速度。

据知情人士称，该技术的灵感来自电影《终结者 2》，在该电影中，有一个机器人因为高温的缘故化成了液态金属，但是这个机器人制作所用到的材料是一种类似于记忆金属的物质，这种物质可以在分解后自行组装成本来的模样，这个机器人自行组装的过程给予了 3D 打印技术发明人以启发。CLIP 打印技术具有类似性，打印项目似乎直接从液体中提取，但是 CLIP 更具选择性。与传统的印刷技术需要几个小时才能完成相比，它仅需 6.5 分钟。因此，CLIP 技术受到科研工作者以及 3D 打印技术从事者的广泛追捧。

对于 CLIP 的原理部分，可以将其归结为在 SLA 打印技术或者 DLP 打印技术的基础上的改进技术，因此通过上述相似的两种技术可以推出 CLIP 打印技术的技术原理其实并不复杂，也是通过底部的紫外光穿过透明的树脂槽对第一层的光敏树脂进行固化，但是氧气可以抑制固化，位于树脂槽底部的光敏树脂因为与氧气接触而保持着稳定的液态，通过这种方法来保证固化的连续性。CLIP 打印技术的原理如图 2.23 所示。

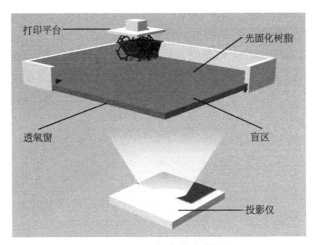

图 2.23　CLIP 打印技术的原理

这种技术有如此高的效率，最关键的原因就是 CLIP 打印技术既可以实现透光，又可以透气，这种结构的树脂槽包含一个既透明又透气的窗口。所以这种技术能够在保证紫外光透过的同时控制氧气的进入。通过这种技术就可以实现对某些区域的树脂进行固化，并且能够对那些没有进入氧气区域的树脂进行紫外光的照射，进而实现树脂的固化。换句话说，正因为这些氧气在树脂内创造了一个光固化的盲区，这些区域的树脂不可能发生光固化现象，也就是光聚合反应。这些盲区的厚度最小可以达到几十微米厚。

CLIP 技术基于使用紫外线照射感光性树脂，将液体树脂与固体重叠、打印而使用紫外线的 SLA 3D 技术。然而，常规 SLA 技术的打印速度受到硬化树脂的黏附效果的限制。即如果聚合速度过快，则附着在玻璃基板上，因此在树脂完全硬化之前需要减少树脂聚集。由此，液状树脂填充基板和硬化树脂之间的间隙，连续重复该工序可降低印刷速度。改进后的编辑技术将聚四氟乙烯（PTFE）用作透光板，这种材料还具有穿透氧气的特性，作为感光树脂的高分子，外层的氧在固化的树脂底板和底部之间可以形成区域，升级印刷工艺。

通过氧气量的适当调整、光强度和光敏硬化率的变化，可以在确保精度的同时实现高速 3D 打印。在 *Science* 网站的演示视频中，它相比于平常花费几小时的打印，仅仅花了 6.5 分钟的时间就打印出了埃菲尔铁塔的复杂模型。与其他光敏高分子化合物配合，可以打印出高弹性、高阻尼等不同性能的材料，适用于不同的场合。

CLIP 打印技术的原理大致如下：有非常重要的部分在打印装置中，可以通过氧气，也可以通过光，该部分和隐形眼镜很像。光的作用是诱导聚合（固化），氧气的重要作用在于防止不需要打印的部分聚合（不固化）。采用特殊的精密控制技术，使固化零件固定，不需要固化的零件用氧气防止，打印出的产品很精确完美。就像是从液体"提"出来似的，所以具有很快的打印速度。

它的突出特点就是优良的强度、刚度和长期热稳定性。

CLIP 不仅具有快速的固化速度，而且做出来的产品的表面还很光滑细腻。与常用的 3D 打印设备相比，CLIP 与其他注塑型设备不同的地方在于它会持续建模，不需要 3D 物品完全凝固。据报道，CLIP 打印机可以生产更加精细的物件，尺寸甚至可以小到 20μm。

CLIP 打印技术展示见图 2.24。

图 2.24　CLIP 打印技术展示

除了以上优点，CLIP 还能打印普通的 3D 印刷难以使用的生物类材料和人工橡胶等。CLIP 虽然有很多优点，但其速度还是在众多 3D 打印设备中具有更明显的优势。

（1）较目前其他 3D 打印技术，CLIP 可提升 25～100 倍的打印速度，打印上述演示中的模型球需要的时间对比如图 2.25 所示，CLIP 只花了 6.5 分钟，而 SLA

耗时 11.5 小时。

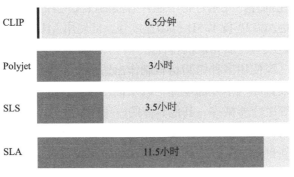

图 2.25　CLIP 与其他打印技术比较图

（2）CLIP 打印精度较高，如图 2.26 对比所示（右边为传统 3D 打印技术）。

图 2.26　CLIP 打印技术与传统 3D 打印技术对比

（资料来源：https://3dprint.com/51566/carbon3d-clip-3d-printing）

（3）CLIP 打印技术支持广泛的聚合物材料，包括其他打印技术不适用的很多聚合物材料，如塑料、弹性体和橡胶，它们可以用来制造运动鞋、汽车垫圈、微电子系统、传感器和实验芯片等。

2015 年大量推广的超高速 3D 印刷技术 CLIP 得到了应用，但 Carbon M1 3D 打印机采取了不租赁只销售的模式，美国以外的市场对新产品不熟悉，因此 CLIP 技术变得格外神秘起来。可以通过两种方式对产品进行了解：一是早期的客户使用情况，二是从这家公司以案例形式发布的使用情况。

Carbon M1 是唯一一款具有各向同性部件的 3D 打印机，是因为它具有非层积特性，即 3D 对象的微型纤维均匀地朝着各个方向移动。此外，除了相似的技术中使用的 UV 固化剂外，光聚合物中还含有热活性反应性化学物质，它可以提高产品的强度。因此，CLIP 技术 3D 打印速度快，且使用 M1 3D 打印的部件在物理性质上具有与注塑成型产品相似的特性。

目前该技术已经使用多种树脂材料制作出适用于不同场合的耐用品，例如，使用阻热硬树脂来打印汽车外部零件，以及使用柔软且弹性强的生物可降解树脂来制造心脏支架等医疗器械等。其他具体的应用部分会在后文进行详细的介绍。

因为 CLIP 打印技术仍然处于发展初期，有许多功能和技术还有待提高，不过鉴于这是一项新兴的打印技术，能有这样的发展效果已经超出了想象。希望这项技术可以继续发展，给这个行业带来更大的惊喜。

2.3.3　叠层实体制造（LOM）技术

LOM 打印技术是由 Michael Feygin 在 1984 年提出的，最早 Michael Feygin 提出的是薄材叠层的方法，并在 1985 年组建了 Helisys 公司，随后该公司在 1992 年推出了第一台商业成型的系统 LOM-1015。这项打印技术是历史最为悠久的打印技术，也是发展最为成熟的 3D 打印技术之一。正因为这种技术是基于薄材叠层的方式，所以该技术也被称为分层实体制造技术，英文全称是 slicing solid manufacturing，简称 SSM。它首先根据零件连续的分层几何信息切割层片，之后再将层片黏结成 3D 实体。

laminated object manufacturing 是 LOM 打印技术的英文全称，中文的全称为叠层实体制造，也称薄形材料选择性切割技术。在 RP 领域中，LOM 打印技术是非常具有代表性的技术之一。RP 领域的全称是 rapid prototyping 领域，简称为 RP 领域，中文名称是快速成型技术，也称快速原型制造技术，简单来说，这种技术就是快速制造新产品手版样件的技术。该技术的成型原理是首先使用激光获得建模软件中构建的模型的数据。用激光束将单面热熔敷的薄膜材料的箔切割成原型层的外包装，用加热辊加热，将刚切好的层贴在下面的层上，按层切断，粘贴。最后剥离不需要的材料，就可得到所需模型。

大中型原型件的制作可以采用叠层实体制作快速原型工艺。这种工艺具有变形较小、成型时间短、良好的机械性能、激光器使用寿命长等优点。此外，制作出的零件具有木质属性，适用于制作砂型铸造模具。也可应用于产品的建模以及测试零件。LOM 打印机如图 2.27 所示。

LOM 打印所使用的材料大多为纸材，因此在成本方面要比其他 3D 打印技术的成本低很多，并且制作出来的模型精度非常高，因为使用的材料是纸材，制作出来的木质原型具有外在的美感性和一些特殊的品质，因此受到了较为广泛的关注。LOM 打印技术主要应用在快速制模母模、组装检查、砂型铸造木模、熔模铸造型芯等领域。此外，该技术在我国的其他领域中也具有很广阔的应用前景。

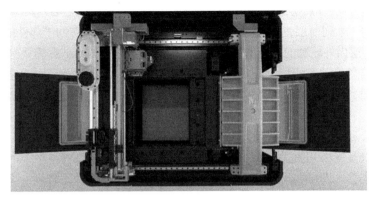

图 2.27　LOM 打印机

除了纸张以外，LOM 打印技术的打印材料还包括一些薄片材料和 PVC 薄膜材料等，例如，塑料薄膜等都可以作为 LOM 打印技术所使用的材料。在打印时，首先将热熔胶涂覆在片材表面。处理时，将热辊压进行热压，这样它就会黏合下面已成型的工件；零件截面轮廓和工件外框用 CO_2 激光器进行切割，并且切断在轮廓和边框之间不需要的区域上下排列的网格；进行激光切割后，工件随着工作台下降，进而与片状材料分离；收料轴和供料轴伴随着供料机构的转动，从而带动料带移动，使新层转移到加工区域；工作台转移到加工平面；热辊压热压使工件每增加一层，高度就增加一个料厚；重新在新层上切割截面轮廓。重复以上步骤，进而得到分层制造的实体零件。图 2.28 所示为 LOM 打印技术的完整过程。

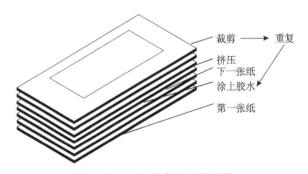

图 2.28　LOM 打印过程展示图

LOM 打印技术与其他 3D 打印在打印前进行的工作基本相同，都是首先要进行 CAD 建模，CAD 模型的形成与一般的 CAD 造型没有差异，它的作用就是对零件进行 3D 几何造型。制作 3D 造型的软件有很多，如 Pro/E、AutoCAD、UG、CATIA、C4D、3DMAX 等。零件被这些软件造型后，由体造型转化成易于分层处理的三角面片造型格式，即 STL 格式。

模型 Z 方向离散（层级）是切片过程。将 STL 文件格式的 CAD 模型切断为具有特定厚度的一系列薄层，这些薄层对应于优先的特殊方向，有助于部件的堆叠和生产，获得各层内外轮廓的几何信息。最终存储为前文所说的 Gcode 模式的文件。

层面信息处理基于层处理后决定的层几何信息，根据层内外的轮廓识别和材料空间特征，生成成型机的数值控制代码。成型机的激光头可以精确地加工到各个层。

层结合和处理的目的是将新接口层连接到上一层。数控代码生成后，对截面轮廓切割以及网格切割进行加工。

层层堆叠。即层与层之间的黏结。加工结束后，将零件下降到一个层面，向纸传递机构送去新的纸，在成型机上重新加工新的层，直到反复完成加工为止。

对成型机加工完的制件进行一定的处理就是后处理，如将不需要的废料从工件中清除等。清理完余料后，对工件进行防潮、防水、加固以及打磨等处理以提高产品表面质量，处理过后，产品就达到了相应的要求，包括产品的稳定性、表面质量、精度和强度等。

LOM 技术在材料成本、加工效率、空间大小等方面具有明显的优势，具体体现在以下方面。

（1）空间大小优势。LOM 打印机使用简单，工作空间的限制小。

（2）原料成本优势。与其他加工系统相比，LOM 技术对原材料没有要求。例如，FDM 技术要求能够熔化的线材，SLA 技术要求液体材料且材料需要固化，SLS 技术要求颗粒状粉末材料。这些整形材料不仅是种类和性能不同，价格也不一样。从材料成本方面来看，FDM 技术和 SLA 技术所需材料的价格较高，SLS 技术的材料价格相对合适，LOM 技术所用的材料价格相对便宜。

（3）加工效率优势。LOM 技术是以面为加工单位，加工效率得到了提高。

LOM 技术与其他成型较快的技术相比具有以下优势。

（1）LOM 工艺使用的技术简单，可以做出大型零件且成型速度快。它不需要对其整个界面扫描，只需在片材上对其进行切割，露出截面的轮廓。

（2）由于材料未发生相变，零件精度高，不会发生掉落、变形等问题。

（3）在材料加工过程中，无需支撑零部件边框与截面轮廓，LOM 打印技术无需支撑材料。

（4）材料来源广泛，便宜，对环境没有污染。

LOM 技术与其他成型较快的技术相比，缺点在于以下几方面。

（1）维护费用贵，实验室建造损耗高，存在激光损耗。

（2）可选原材料种类少。

（3）成型后需要进行防潮处理。

（4）构型难，适合用于结构简单的零件。

（5）温度高，易引发火灾。

在讨论完 LOM 打印技术的特点之后，接下来对 LOM 打印技术的材料进行介绍。这是因为 LOM 打印技术不同于其他类型的 3D 打印技术，所以需要对其使用的材料及其特点进行单独介绍。

LOM 需要厚薄均匀、黏结、涂挂和力学性能良好的基体薄片材料，并且要求黏结剂能在热压的操作装置下把材料分层黏结起来，最终完成 LOM 的成型过程，形成相应的制件。成型件的硬度、可剥离性、防潮性和黏结能力等可作为辨别材料品质优劣的标准。一些添加了特殊组分的热熔胶通常用来作为 LOM 的黏结剂，性能要求如下：

（1）热熔冷固性能好（在室温下也可固化）；

（2）物理化学性能稳定；

（3）涂挂性和涂匀性较好；

（4）黏结强度大；

（5）分离废料能力好。

最后一点，也是最关键的一部分，那就是 LOM 打印技术究竟在日常生活中有什么应用？

LOM 打印技术发展的十几年来，快速原型制造技术主要研究如何快速构建和形成的方法，并在此基础上再对应用逐渐进行商品化，但是制造设备的发展在不断地进步与完善，对市场的需求越来越大，最近研究的热点开始转向了其应用领域，对制作领域进行了完善，并且提出了更进一步的质量方面的要求。除此之外，也扩大了 LOM 技术的应用领域。总的来说包括以下几个方面。

（1）对产品的概念和造型设计进行评估。

企业发展生存的关键节点是把握住产品的开发与创新，产品开发→生产→市场开拓三者逐一开展是过去产品开发所应用的模式，设计缺陷直接带入生产是这种模式存在的主要问题，从而影响产品的最终销售。解决这一问题可以使用叠层实体制造技术，即设计者在这种概念与实物的转换过程中就进行了感性的思考。

总的来说，LOM 特点如下：①能够提供检查产品外形和性能调整指标的依据；②能够检查产品结构是否合理，以此提高关于新产品开发的可能性；③产品和市场的开发同时进行，确保产品销路准确，这样一种新产品到市场时就不需要耗费大量的时间。

（2）产品装配检验。

需要对有组装关系的产品配件进行组装检查，但是很难把控图纸上的组装关系。LOM 技术可以有效解决这一问题，使得组装关系清晰明了。

（3）熔模铸造型芯。

LOM 实体在精密铸造中可使用废弃模型，即模具铸造的模具芯，LOM 实体在进行燃烧的时候没有膨胀的现象，因此对于壳体不具有破坏性，所以 LOM 技术是现如今铸造壳体的主要手段。

（4）砂型铸造木模。

传统的砂型主要由木工制造，精密度不高，一些形态较为复杂的薄壁模型没有办法实现，但是 LOM 技术可以有效地解决这个问题。

（5）快速制模母模。

LOM 技术可以提供高速机床模具的母模具模型，目前正在开发各种快速的制造方法。按模具材料和生产成本分为软模具（或简易模具）和模具两种，其中软模具主要用于少量零部件生产或产品的试生产。这种类型首先用 LOM 等技术制作零件的原型，根据原型翻成硅橡胶型、金属树脂型、石膏型等，用上面的软模具制作产品。

（6）直接制模。

直接用 LOM 技术制作的模型硬度和木材相似，可承受 200℃的高温。LOM 技术的应用实例如下。

（1）基于 LOM 技术的快速制模工艺。

利用 LOM 技术制作高速原型的基本原理是将热塑性黏合剂涂在背面，用激光切割特殊处理的纸，层层重叠。使用熔融温度高的黏合剂和特殊改性添加剂获得的原型部件的强度与坚硬的木头相似，可以承受 200℃左右的高温，具有良好的力学强度和稳定性，表面经过适当的处理，喷洒高分子材料或金属后，直接生产各种间接高速模具制造技术的原型或模具用于生产。LOM 技术制作的纸质砂型可以代替传统的木型用于铸造生产，具有价格低、制造速度快、精密度高的特点，制备形状复杂的中小型铸件的优点特别突出。

（2）摩托车发动机气缸盖快速原型制作。

3D CAD 型摩托车发动机气缸盖的形状非常复杂，使用传统设计工具的周期较长，而且根据设计结果，用传统的手工制作模型很难，所以无法实现。该案例产品的 3D 设计使用 UG11 软件进行，直接驱动 HRP-I3 激光完成高速整形装置，快速制造摩托车发动机气缸盖的原型，明显缩短了该产品的设计和开发周期。

LOM 技术基于廉价的原材料，生产费用极低，同时在打印进程中不需要借助支撑材料，冗余部分也能轻易去除，并且打印出的模型精度也相对理想，因此该工艺可以用来制造大尺寸工件。但是伴随着上述优点的一大问题是，LOM 工艺产品材料的利用率较低，使得材料损耗严重，该工艺的发展也受到制约。因此，随着新工艺的进步，LOM 打印技术大概率会被慢慢舍弃。

2.4　黏结材料成型

黏结材料成型技术是 3D 打印技术领域中发展较晚的一项新兴技术，但这并不影响其发展的速度以及应用的范围，甚至可以称得上后来者居上。那么，什么是黏结材料成型技术呢？简单来说，就是通过涂抹黏结剂将本来不成型的材料黏结在一起构成设计者需要的模型形状。本节对常见的三种 3D 打印技术类型进行介绍，分别是：SLS、SLM、3DPrint。

2.4.1　选择性激光烧结（SLS）技术

SLS 打印技术的英文全称为 selective laser sintering，中文名称为选择性激光烧结技术，是一种采用红外激光作为热源来烧结粉末材料，以逐层添加方式成型 3D 零件的一种快速成型方法。早在 1989 年，美国得克萨斯大学奥斯汀分校的 C. R. Dechard 就在他的硕士论文里面第一次提出了该技术的概念。不久后，C. R. Dechard 创立了 DTM 公司并于 1992 年发布了基于 SLS 技术的工业级商用 3D 打印机 Sinterstation。

SLS 3D 打印技术在行业内也称为激光粉末烧结技术，两个关键词是粉末和烧结，就是 SLS 的特性。SLS 打印技术通过铺粉的方式在已经成型的零件上表面平铺一层粉末材料，然后将该粉末材料加热到低于材料烧结点的某一温度值，通过控制打印机内部的激光束，根据粉末层的横切面形状扫描粉末层，使粉末的温度进一步升高并熔化，这就相当于对粉体材料进行了烧结，从而和粉体下面已成型的工件充分黏结完成第一层的打印工作。一层完成后，打印工作台就会下降一层的厚度，之后再在新的表面平铺新的粉末并重复上述过程，直至完成整个模型的打印。SLS 打印机如图 2.29 所示。

图 2.29　SLS 打印机

SLS 3D 打印技术的优点如下。

（1）SLS 可使用的材料比较多，包括高分子、金属、陶瓷、石膏等多种粉末，但是由于市场的细化，现在使用金属材料会把 SLS 称为 SLM，同时由于现在市场上 SLS 用到的 90% 的材料是尼龙材料，所以通常会默认为 SLS 是打印尼龙材料。

（2）精度高，现在精度正常是达到 ± 0.2mm 的公差。

（3）无需支撑，SLS 最大的一个优点是不需要支撑材料，在叠加过程中出现的悬空层可以直接通过未烧结的粉体材料进行支撑。

（4）高的材料利用率。受益于该技术不需要支撑的优点，通过该技术打印时不需要额外添加底座。该技术在常见的几种 3D 打印技术中具有最高的材料利用率，价格相比于 SLA 更贵一些，但相对来说还是比较划算的。

（5）具有简单的制造工艺。SLS 打印技术所用的材料种类相对较多，通过使用不同的材料，可以简单直接地生产打印出极为复杂形状的原型、型腔模具等 3D 构建的工具和零部件。

当然，SLS 3D 打印技术或多或少也有一些限制和劣势。

SLS 3D 打印技术的缺点如下。

（1）打印成品的收缩。

尼龙和其他粉末材料在烧结之后 3D 收缩。收缩率一般取决于许多因素，包括使用的粉末类型、用于烧结颗粒的激光能量、零件的形状和冷却过程。值得注意的是：零件不会在所有方向上对称收缩。一般来说，软件用于对模型进行分割切片，应将收缩率纳入计算以制造高质量零件。然而，工程师应该知道他使用的打印机的缺点并预防这些缺点发生在特定位置。

（2）打印后期。

发掘新的 SLS 打印品和考古学家的工作类似。打印过程结束后，粉末有足够时间冷却，材料块（可能重达数千克）可被取出。专家需要从材料块中挖出零件，用吸尘器移除多余粉末，甚至利用风扫去剩下的颗粒。一旦所有的工作完成，烧结的打印品可以加热固化，增加强度。其他完成后的后处理方式还可能包括磨砂、染色或涂画表层。

（3）颜色改变、吸湿。

如果打印品将被染色、涂画或镀膜，多孔结构是具有优势的，可以显示完成品的问题。它们可能从空气中吸收大量粉尘、油或水，从而改变颜色（如从白色变成象牙色）或损失质量。需要完全装载打印板。SLS 打印机无论是否要打印小零件——它都需要装载至零件的高度，同时也需要一直把 X 和 Y 轴嵌入在粉末里。即使材料不接触激光，每次使用过后剩余的材料都会被毁坏。

（4）加工和材料损耗。

SLS 打印机损耗巨大。"便宜"的桌面版本价格在 7000 美元左右——且仅有打印机。如果想要进行清洗、后期处理、完成打印和固化等整个过程，将需要一大笔费用。材料也十分昂贵：1 kg 的 PA12 在一般的生产商处需要 100～120 美元，但设备在单次使用时就会用掉数千克。如果计划完成工业等级，需要为高等级系统准备超过$800000 的投资。

（5）每次使用新鲜粉末。

大部分烧结打印机在接触激光前都会预热粉末，因此材料都会因为温度改变而受到损坏。有些材料可以重复利用（可循环），然而，使用损坏的粉末打印会产生不好的后果——解决方案是建议将它和未使用的材料混合。根据材料和设备类型，超过 85% 的粉末可以被循环使用，但可能留下几千克被损坏和无法使用的未烧结材料。

（6）表面粗糙。

该技术所使用的原材料属于粉体材料，在进行 3D 打印的原型构造过程中，粉体材料经过加热熔化层层烧结粘贴，这就导致所构筑的样品表面仍然会保有粉体材料的颗粒性质，从而使得表面较为粗糙，表面质量不好。

（7）烧结过程中存在异味。

高分子材料在高温下一般会产生一些异味，而 SLS 工艺所用的粉体材料大多是高分子粉体材料，这就导致加热烧结过程中难免会存在异味。

（8）加工时间长。

加工开始之前需要进行 2h 的预热，零件加工完成之后也需要 5～10 h 的时间让零件充分冷却，才能将零件从粉体缸中取出来。

自 SLS 技术问世的这些年里，其在各行各业的发展极其迅速。目前 SLS 技术的主要应用领域是模型的快速制作，通过对制造出来的模型进行性能测试，可进一步提高产品的性能质量。此外，复杂零件的加工制造也是 SLS 的应用领域之一。从目前来看，虽然该技术已经得到了较为广泛的应用，但在之后的发展过程中，该技术还必须进一步加强成型工艺和设备的开发改进以及更新换代，通过发现和寻找一些新材料、新手段，进一步提高 SLS 技术手段，优化后处理工艺，扩大应用范围。伴随着 SLS 未来的发展，相信其会为未来制造业带来新的发展和变革。

2.4.2　选择性激光熔融技术（SLM）

SLM 最早是在 1995 年由德国 ILT 提出的，这种技术可直接对金属零件进行接近完全致密的成型加工，克服了 SLS 技术复杂的金属零件加工过程的缺点。SLM 打印技术是在 SLS 打印技术的基础上发展出来的，也可以被认为是 SLS 打印技术的一个分支。

SLM 与 SLS 成型过程原理相似。SLM 技术使用较多的材料是金属材料，并且为不同金属组成的混合物，这种混合物在烧结过程中，各个组分之间可以相互补偿，进而提高制作精度。SLM 所使用的激光器是光斑可以聚焦到几十到几百微米的高功率密度激光器，以保证金属粉末可以快速熔化。目前 SLM 最常使用的是光束模式优良的光前激光器，其激光功率可以达到 50W 以上，具有 $5×10^6$ W/cm^2 以上的功率密度。

SLM 作为金属零件 3D 打印技术极具发展前景。所使用的成型材料一般多为粉末状合金材料，如奥氏体不锈钢、钛基合金、镍基合金、钴-铬合金以及一些贵金属材料等。通过激光束加热粉末状金属使其快速达到熔融状态，并以此获得连续的熔道，进而可以获得高精度、任意形状、完全冶金结合的致密金属零件。因此，SLM 技术的应用领域十分广泛，包括珠宝、医疗、微电子甚至航空航天等领域。但是，该技术也存在一定的缺陷，其主要缺陷是球化以及翘曲变形。

由于 SLM 的优点及其广泛的应用领域，国内外对该技术的研究和发展具有很高的关注度。国外的一些国家，主要集中在德国、英国、法国、日本等国家，都相继对 SLM 技术开展并进行了进一步深层次的研究，其中德国是从事该技术研究最早同时也是研究最深入的国家，基于不锈钢粉末 SLM 成型设备就是由德国弗朗霍夫研究所的 Fockele 和 Schwarze（F&S）于 1999 年研发出的。到目前为止，国外已有包括德国 EOS 公司、Concept Laser 公司、SLM Solutions 公司等多家 SLM 设备制造商。同样，国内对该技术也抱有很高的关注度。2003 年，华南理工大学开发了国内第一套选区激光熔化设备（DiMetal-240），随即在 2007 年 DiMetal-280 问世，2012 年 DiMetal-100 问世并进入预商业化阶段。

SLM 3D 打印工艺英文全称是 selective laser melting，即选择性激光熔融技术，当读者看到这种打印技术的时候想必一定会发现它与上一节所介绍的 SLS 技术在名称上非常相似，它们二者之间究竟有什么联系呢？首先，在耗材方面，二者都是采用可以进行金属打印的 3D 打印机；其次，在打印原理方面，都是利用高温将耗材进行处理，让耗材成为熔融状态，随后进行层层叠加，最终将多层熔融状态的材料拼接成完整的模型。

读到这里，读者心中一定有这样的疑惑，既然它们在这么多的方面都相同，那么二者之间的区别到底是什么呢？这两种打印技术的区别其实在名称中就可以发现，一个是烧结，一个是熔融，SLS 是将材料熔融后再使用黏结剂将其黏合在一起，而 SLM 则是将材料完全熔融，不需要使用黏结剂。

SLM 技术是金属打印过程中常用到的打印技术之一，它是通过激光束提供的高能量将金属粉体进行熔融。激光器大致可以分为以下三种：Nd-CO$_2$ 激光器、YAG 激光器、光纤激光器。SLM 的具体打印过程是：按照设计人员在计算机中设计的模型的样貌进行构建，熔化的方式是逐层熔化，直到整个模型完全叠加而成，最后进行一些后处理就完成了一次打印。

2.4.1 节中已经简单介绍了 SLS 打印技术，可以得知 SLM 与 SLS 打印技术的原理是基本相同的，所以，在这一小节中就不再对 SLM 打印技术的原理进行详细阐述了，请读者阅读上一节当中的相关内容即可。简而言之，SLM 打印技术就是利用激光器照射出来的激光束对金属粉体进行熔化，再利用冷却技术将其凝固起来，就可以构建出所需要的模型了。

SLM 制件过程和 SLS 相似，不过在某些方面，SLM 技术和 SLS 技术还是存在一些小的差别。例如，在打印过程中，SLM 打印技术一般需要添加打印支撑结构，打印支撑结构的主要作用体现在：

（1）承接下一层未成型粉末层，防止因未扫描到的粉体材料过厚而发生结构塌陷情况，支撑结构可以在一定程度上给予模型较好的力学性能；

（2）在材料成型过程中，金属粉末首先受热熔化，随后冷却，在冷却过程中，材料内部会受到一个收缩应力，这个应力会导致零件发生翘曲或缺陷等问题，为了减小该问题出现的可能性，通过支撑结构将已成型部分与未成型部分连接起来便可以有效减小和抑制这种收缩，使模型在成型过程中保持应力平衡。

SLM 技术的特点总结如下。

（1）只需简单的后处理或表面处理工艺就可以将 CAD 模型直接加工成为终端金属产品。

（2）可以制造加工非常复杂的工件，如传统机械加工方法无法制造的、内部有复杂异型结构（如空腔、3D 网格）的工件。

（3）SLM 零件机械性能与锻造工艺所得相当。

（4）由于是通过高功率密度的激光器对金属进行加热，所得到的金属零件尺寸精度可达 0.1mm，表面粗糙度 Ra 在 30～50μm 之间。

（5）较小的激光光斑直径为低功率下熔化高熔点金属提供了可能性，这使得未来进行单组分金属零件的制作加工成为可能，此外可用的金属种类也大大增多。

（6）SLM 技术可以加工钛粉、镍基高温合金粉等高端材料，因此可以加工用于航空航天领域的组织均匀的高温合金复杂零件。另外，该技术也为制备生物医学中组分连续变化的梯度功能材料提供了可能性。

SLM 技术优点众多，应用领域和应用前景十分广泛，如电子领域的散热器件、机械领域（包括模具、微器件、微制造零件、工具插件等）的工具及模具、生物医疗领域（包括齿、脊椎骨等）的生物植入零件或替代零件、梯度功能复合材料零件以及航空航天领域的超轻结构件等。

尤其是在航空航天方面，SLM 在小批量多品种的零件研发和生产过程中具有其他技术不能与之相比的优势。对复杂工件来说，加工的方式复杂或不能进行加工，或者耗时较长且严重浪费材料；传统铸造工艺虽然可以解决这类问题，但钛和镍等航空航天材料复杂的铸造工艺过程，导致了铸造加工过程中难以精确控制其性能，锻造虽然有利于提高材料性能，但其模具以及大型的专用设备昂贵，导致制造成本极高。利用 SLM 技术进行这些零件的制作则可以有效地解决上述问题，可以大大缩短样件的加工生产时间，方便、快捷地制造出这些复杂工件并大大降低总体成本。目前，我国也在积极推进客运飞机等大型飞机的研发制造，SLM 技术将在该领域发挥不可或缺的作用。

但任何技术有利就有弊，SLM 也不例外，这项先进的技术也有一些局限性，那就是设备价格昂贵，打印速度偏低，并且精度和表面质量有限，但是可通过后期加工提高模型的表面质量。

快速制造领域在 SLM 技术带领下正在快速发展，通过该技术的应用，可以直接形成结构复杂、尺寸精度高、表面质量好的致密金属零件，减少了生产工序，大大缩短了生产时间，为产品设计和生产提供了更快的途径，提高了产品市场的响应速度，创新了产品的生产周期和设计理念。SLM 技术未来将有更加快速的发展，为制造业带来变革。但是由于一些和市场价值以及行业机密等相关的问题还未解决，该技术的广泛推广和发展还存在一定问题。例如，工作效率低，SLM 设备昂贵；此外，该技术在大范围工作台预热温度场控制困难，工艺软件不完善，零件翘曲较大。因此，不可能直接制造大尺寸零件，只能制造一些小尺寸零件。只有解决上述问题，开发出价格低廉、可靠性高、技术指标达到国际先进水准、具有自主知识产权、成型材料及配套工艺路线的 SLM 设备，该技术才能在我国得到广泛推广。

SLM 作为非常先进的 3D 打印技术，究竟有哪些优缺点呢？将这种打印技术同与其相似的 SLS 打印技术进行对比，SLS 打印技术在将材料熔化之后，需要使用黏结剂将其进行黏合，并且 SLS 打印技术所使用的耗材并非纯金属耗材，而是金属耗材与低熔点金属或者高分子材料的混合粉末，在经过激光束照射后并非所有粉体材料都会熔化，只有低熔点的材料会熔化，而高熔点的金属材料并不会熔化，这样打印出来的模型的力学性能一般不是很好，会包含有大量的空隙，且在使用前一般需要进行重铸。

而 SLM 打印技术则不然，这种技术在打印过程中激光器发射出来的激光束会将所有的金属粉末安全熔化，且在拼接的过程中并不需要使用黏结剂，这样打造出来的模型的力学性能比 SLS 的要好很多。

接下来简要总结一下 SLM 的优缺点：

（1）SLM 打印技术打印出来的模型具有良好的力学性能，同传统加工工艺制作出来的模型的力学性能几乎相当，SLM 工艺加工标准金属的致密度超过 99%。

（2）可以使用这种打印技术的材料的种类十分繁多，且还在不断增加，并且所加工出来的金属模型都可以进行后期焊接。

（3）这种打印技术的打印成本较高，主要是打印机的价格昂贵，而且 SLM 打印技术的打印速度较慢。

（4）SLM 打印技术打印出来的模型的精度和表面质量是有限的，但是可以通过后期加工提高。

2.4.3　黏结材料型 3D 打印（3DPrint）

3DPrint 的全称是 three dimensional printing and gluing，中文名的全称是黏结材料型 3D 打印。该技术由麻省理工学院的伊曼纽尔·赛琪（Emanual Saches）等开发。3DPrint 颠覆了传统零件设计模式，实现了从概念设计到模型设计的转变。

近几年来 3DPrint 在国外发展迅速。2000 年，日本 RIKEN 和美国 Z Corporation 开发了基于喷墨的打印技术，该技术可以用于生产彩色原型的 3D 打印机。美国 Z Corporation 生产的 Z400、Z406 和 Z810 打印机是基于 MIT 发明的喷射黏合剂粉末工艺的 3DPrint 设备。

2000 年年底，以色列 Objet Geometries 公司推出了结合 SLA 和 3D Ink-Jet 的 3D 打印机 Quadra。荷兰 TNO、美国 3D Systems、德国 BMT 公司等也都生产出了自己研制的 3DPrint 设备。

国内目前以清华大学、上海大学以及西安交通大学为主导并进行积极的研发，但仍然处于研究阶段，而该技术在国外的众多领域中得到了广泛应用。

3DPrint 也被称为黏合喷射（binder jetting）、喷墨粉末打印（inkjet powder printing）。从工作方式来看，3DPrint 打印技术与传统 2D 喷墨打印较为相似。与 SLS 工艺相同，3DPrint 也是利用粉体材料黏结成整体进而完成零部件的制作，其中主要的差异是 3DPrint 是直接利用喷头喷出黏结剂进行黏结的，而非利用激光熔融进行黏结，具体工作方式如下：

（1）与 SLS 供料方式相同，3DPrint 的供料是将粉末水平压辊平铺于打印平台之上；

（2）通过加压的方式将带色的胶水输送到打印头中储存；

（3）此后的过程和 2D 喷墨打印机的打印过程相似，首先将彩色胶水按照 3D 模型的颜色进行混合，并选择性地喷到粉末材料平面，使粉体材料和黏结剂结合成实体；

（4）当结合完成一层实体后，此时打印平台下降，水平压辊再次将粉末铺平，然后重复上述过程，直到整个模型打印完毕；

（5）打印完成后，将未黏结的粉末进行回收，以便下次使用，再吹干净模型表面的粉末，将模型用透明胶水浸泡，完成此步骤后模型就具有了一定的强度；

（6）理论上讲，任何可以制作成粉末状的材料都可以用 3DPrint 工艺成型，材料选择范围很广。

3DPrint 是一个多学科交叉的系统工程，包含数据处理技术、CAD/CAM 技术、材料技术、计算机软件技术、激光技术等，其成型工艺过程包括模型设计、分层切片、数据准备、打印模型及后处理等步骤。

在利用 3DPrint 设备制件前，需要对 CAD 模型进行数据处理。由 Pro/E、UG 等软件生成模型，并输出为 STL 文件，必要时须使用专用软件对 STL 文件进行检查和修复。生成的 STL 文件仍然不能直接进行 3D 打印，还需要利用分层软件进行分层操作。一般来说，所分的层厚小，则精度高，但成型时间慢；相反，层厚大，则精度会较低，但成型快。分层后还要对得到的原型外形轮廓进行内部填充，最终得到 3D 打印数据文件。3DPrint 技术原理图、打印机示意图及打印的模型见图 2.30～图 2.32。

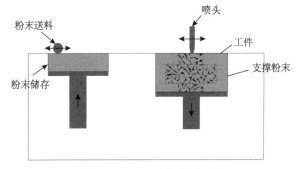

图 2.30　3DPrint 技术原理图

图 2.31　3DPrint 打印机

图 2.32　3DPrint 打印的模型

3DPrint 具体工作过程如下：

（1）采集粉末原料；

（2）将粉末铺平到打印区域；

（3）打印机喷头在模型横截面定位，喷涂黏结剂；

（4）送粉的活塞上升一层，实体模型下降一层，然后继续打印；

（5）重复上述过程直至模型打印完毕；

（6）去除多余粉末，固化模型，进行后处理操作。

3DPrint 的优点如下：

（1）无需激光器等高成本元器件，成本较低，且易操作易维护；

（2）加工速度快，可以 25mm/h 的垂直构建速度打印模型；

（3）可打印彩色原型。这是这项技术的最大优点，它打印彩色原型后，无需后期上色，目前市面上的 3D 体验馆中的 3D 打印人像基本采用此技术；

（4）没有支撑结构，与 SLS 一样，粉末可以支撑悬空部分，而且打印完成后，粉末可以回收利用，环保而且节省开支；

（5）耗材和成型材料的价格相对便宜，打印成本低。

3DPrint 的缺点如下：

（1）石膏强度较低，不能做功能性材料，且成品易碎；

（2）表面手感略显粗糙，这是以粉末为成型材料的工艺都有的缺点。

3DPrint 技术的应用如下：

（1）全彩色外观样件、装配原型；

（2）某些条件下可生产毛坯零件，借助后期加工得到工业产品，如黏结金属粉末，后期烧结并渗入金属液得到可使用零件；

（3）铸造模样打印；

（4）直接打印砂型、砂芯。

2.5　其他先进的 3D 打印技术

在上文所描述的内容中，将 3D 打印技术按照打印工艺分为了四种，分别是片材叠加成型、线材叠加成型、颗粒叠加成型和黏结材料成型。但随着 3D 打印技术的不断发展，有许多新兴的打印技术开始出现，如近场直写打印技术、双光子聚合打印技术等，这些技术是无法按照传统的片材、线材、颗粒以及黏结材料进行分类的。因此，本节内容将这些无法按照前文所述内容分类的打印技术进行总结和介绍。

2.5.1　近场直写打印技术

3D 打印技术不但是第三次工业革命的重大标志，而且被认为是"一项将要改变世界的技术"。其复杂的 3D 微纳结构在微纳传感器、微纳机电系统、新材料、新能源、生物医疗以及印刷电子等领域具有很大的产业需求，此外该技术还具有成本低、设备简单、材料种类多、无需掩模或模具、直接成型等优点。

为了满足不同行业和领域的需求，随着 3D 打印和微纳科技的快速发展，多种类型的微纳尺度 3D 打印工艺和打印材料被研发出来，并在多种行业和领域得到应用。

何为微纳尺度的 3D 打印技术？顾名思义，打印技术的尺寸在微纳尺寸级别的打印技术就是微纳尺度的 3D 打印技术，即能够在微米和纳米尺度进行制造的 3D 打印技术。为什么要发展这类打印技术呢？随着科学技术的不断进步和发展，人们生活水平的不断提升，我们身边用到的很多产品也有着从大到小，由笨重到轻便的趋势，如计算机、手机等电子产品，这些倾向以后会更加明显。既然产品越来越小，那么就一定会要求制作它的零件也越来越小，精度要求也越来越高，所以就不得不提高制作这些零件的工艺技术，传统的铸造技术多少会有它的局限性，而 3D 打印技术则不同，只要它的模型精确，打印出来的零件就会非常合适，这就是要对微纳尺度的 3D 打印技术进行研究的原因。

目前为止，常见的微纳尺度的 3D 打印技术主要有三种，分别是近场直写打印技术、数字投影微光刻打印技术和双光子聚合打印技术。

近场直写打印技术是由 Park 和 Rogers 等提出和发展的一种基于电流体动力学（EHD）的微液滴喷射成型沉积技术，与传统喷印技术（热喷印、压电喷印等采用"推"）方式不同，EHD 喷印采用电场驱动以"拉"的方式从液锥（泰勒锥）顶端产生极细的射流。

近场直写打印技术又称电喷印打印技术，它的基本原理如图 2.33 所示。在第一电极（导电喷嘴）和第二电极（导电衬底）之间施加一个高压电源，通过喷嘴

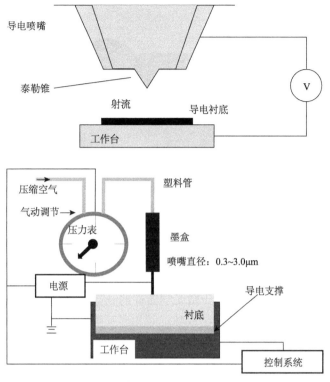

图 2.33　近场直写打印技术原理和结构

和衬底之间的强电场力将液体从喷嘴口拉出形成泰勒锥，喷嘴具有很高的电势，因此喷嘴处的液体会受到电致切应力的作用；当局部电荷力超过液体表面张力时，带电液体从喷嘴处喷射而出形成极细射流，并喷射沉积在衬底表面，结合承片台从 X 到 Y 方向的运动和喷嘴工作 Z 向的运动能够实现复杂 3D 微纳结构的制造。

　　因为电喷印采用的是微垂流按需喷印的模式，所以其能够产生非常均匀的液滴并形成高精度图案；在打印时，打印分辨率不受喷嘴直径的限制，能够在喷嘴不堵塞的前提下，实现分辨率复杂的亚微米、纳米尺度 3D 微纳结构的制造。

　　可用于电喷印材料的种类非常之多，包括无机功能材料、生物材料、金属材料、导电聚合物、绝缘聚合物等多种材料，这些材料都可以作为电喷印的打印耗材。因为电喷印耗材的种类很多，因此近场直写打印技术的应用范围也非常广。

　　由此来看，电喷印具有很多优点，如结构简单、选材广泛、兼容性好、成本低、分辨率高等，尤其对于高黏度液体的使用，性能更好，能够将其打印出比喷头结构尺寸低一个数量级的图案。

　　电喷印技术已被看作当前最有发展前途的微纳 3D 打印技术。采用电喷印制造的 3D 微纳结构如图 2.34 所示。

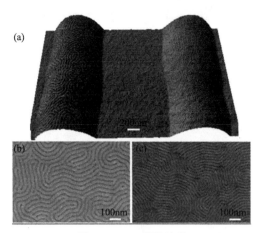

图 2.34　3D 微纳结构

　　近场直写打印技术已经被用于微光学器件的制造,如微透镜阵列[图 2.35(a)]、光学波导[图 2.35（b）]等, 目前已成功地利用多喷嘴和多材料技术制造了多折射率衍射光栅[图 2.35 （c）], 实现了不同光学性能的异质材料的低成本、柔性集成, 并扩大了近场直写的新应用, [图 2.35 (d)]为使用近场直写打印技术制作的微光学器件。

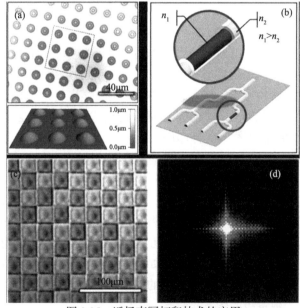

图 2.35　近场直写打印技术的应用

n_1、n_2 分别为内径、外径再生组织领域中已经使用到了电喷印技术，与现有的 3D 印刷技术相比，采用 EFI[①]印刷技术的产品具有更好的性能，根据细胞培养结果，将种子细胞的生长环境变为更好的微孔生长环境（约高于 3.5 倍最初细胞附着和高于 2.1 倍细胞增殖）是通过采用电喷印制造的支架为种子细胞的生长来提供的。图 2.36 中给出了采用电喷印和传统 3D 打印制造的组织支架结构的对比。

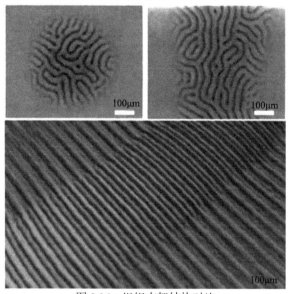

图 2.36　组织支架结构对比

上图为近场直写打印，下图为传统 3D 打印

Rogers 教授等在 2013 年实现了复杂 3D 纳米结构的制造，该制造是通过电喷印与自组装技术相结合实现。他们在《自然·纳米技术》上的研究成果指出，打印出的纳米结构的分辨率还可以进一步提高到 15 nm，相关纳米结构如图 2.37 所示。

将纳米压印、电喷印与自组装等其他微纳制造结合起来，在实现高分辨率纳米结构制造、4D 打印、微纳复合结构制造方面具有非常好的应用前景和潜能。

除上述近场直写的应用以外，近场直写还有很多其他的应用，如柔性电路的应用，即用导电流体作为打印材料或非导电流体作为掩模构建通道，获得用于可穿戴设备、柔性传感器等的电子电路；制备各种可弯曲、拉伸的柔性传感器；制作能源器件；制备光学器件，如打印量子点、制作光学半导体二极管；用来进行生物学研究，如细胞微球、细胞支架等其他重要的研究。

近场直写技术被视为强大的工具，可以直接用于各种功能材料的微图形。当

---

① EFI 为一个集产品、技术研发和服务为一体的全球供应商，致力于不断推动印刷行业由模拟时代迈向数字时代。

电喷印刷成为真正的商业化实用化技术时，可以解决以下问题：

图 2.37　纳米结构

（1）提高打印速度以提高效率；

（2）开发结构严密、成本低、使用方便的电喷印装置；

（3）开发无机碳纳米管、金属纳米颗粒基墨水、有机材料 PEDOT、各种无机复合材料等各种功能印刷材料；

（4）优化多喷头设计（避免电场干涉）；

（5）设计与制造微喷嘴。

未来电喷印的发展方向可能是：

（1）多材料、多喷头打印；

（2）电喷印与其他工艺相结合，如纳米压印、自组装等，形成复合电喷印技术（4D 打印技术），拓展电喷印的工艺范围并提高打印的分辨率。

同样，事物都具有两面性。近场直写的打印技术需要改进的地方如下：

（1）纤维直径难以达到纳米级；

（2）精确沉积厚度受到限制，难以获得复杂 3D 结构；

（3）纤维必须连续，2D 图案拓扑结构受限。

2.5.2　数字投影微光刻打印技术

微立体光刻是在传统 3D 打印工艺——立体光固化成型基础上发展起来的，与传统的 SLA 打印工艺相比，使用更小的激光光点（几微米），在非常小的面积内，树脂也会产生光硬化反应，微立体光的光点直径通常使用 1～10μm 的宽度。

微光刻 3D 打印技术以液态树脂为材料，通过光固化的方法进行成型，与 SLA

打印技术类似。这种打印技术的打印精度很高。因为精准的打印手法，此技术被大量应用于珠宝行业等需要精密加工的行业，以及定制化程度较高的领域中。微光刻 3D 打印技术使用的光源是紫外光，通过紫外激光器发出的紫外光对光敏树脂进行照射，进而引发光敏树脂的固化反应，以此来实现模型的制作。在光固化打印技术出现之初，都是以光电为照射单位进行光敏树脂的固化。但是随着打印技术的不断进步和发展，逐渐出现了以面为单位的照射光源。其中微光刻打印技术就是以面为单位的打印技术。因此，这种打印技术的出现不仅提高了 3D 打印技术的打印精度，也加快了打印速度，促进了 3D 打印技术的进步和发展。

层面成型固化方法可以分为两种不同的技术，即扫描微立体光刻技术和面投影微立体光刻技术。许多微立体光刻工艺在目前的情况下只使用单一材料，如果要应用，需使用各种微型纳米结构的材料（生物器官、复合材料、组织工程材料等）。基于注射泵的面投影微立体光刻被科研人员开发了出来，其实现了多材料微纳米级的 3D 打印，并实现了现有的微立体光角度系统中的注射器集成，被用于各种各样的材料的运输和分配。

数字投影微光刻主要基于一种数字微镜芯片（DMD），DLP 是整套方案，DMD 是方案内采用的芯片，DMD 只是 DLP 的一部分，与计算机和中央处理器（CPU）的关系相似。DMD 是 DLP 中的核心器件，DMD 通过控制镜片的偏转达到显示图像的目的。DLP 是基于数字微反射镜器件 DMD 来完成显示数字可视信息的最终环节。一个 DMD 可被简单描述成为一个半导体光开关。成千上万个微小的方镜片安装在偏转结构上组成 DMD 芯片。这种芯片由数量众多的可调节方向的微型反射镜组成。芯片根据计算机传输过来的图片流调整微镜，进而调节紫外光的反射，最终可将紫外光按照预设图案投影在聚合物溶液表面进行层层聚合固化，每次固化一整个面。

图 2.38 为数字投影微光刻技术的设备结构图。

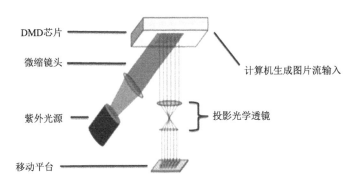

图 2.38　数字投影微光刻技术的设备结构图

微型立体光刻已经取得了很大进展，但也面临几个挑战性和需突破的问题：

（1）提高分辨率和整形部件的大小；

（2）由于微型立体光刻不能使用支撑结构，所以使用支撑结构的微部件和微观结构的制作很难；

（3）扩大现有材料（现在只使用聚合物材料，主要有丙烯酸酯、环氧树脂等光敏材料），开发新的复合材料；

（4）生产率进一步提高，降低成本。

微光刻打印技术的应用领域十分广泛，尤其是在科学研究方面有着许多重要的作用。首先在材料专业领域，它可以用来制作超级材料，如负热膨胀材料，它就是与不同材料的热性相反的材料，负热膨胀材料的特点是热缩冷胀。除此以外，还有超轻、超高刚度的超材料，这种材料不仅有良好的力学性能，而且本身的质量也非常轻，所以这种材料的应用前景较广。同样，其在生物学领域也有着非常广泛的应用。例如，在生物工程中，它可以用来制作人工神经元和骨支架，还能打印许多仿生材料、疏水材料、倾斜圆锥阵列和曲面蘑菇阵列等。图 2.39 所示为微结构 3D 打印建模与实物展示。

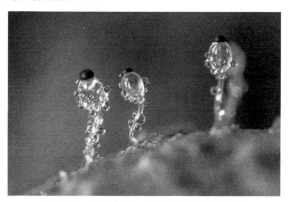

图 2.39　微结构 3D 打印建模与实物展示

2.5.3　双光子聚合打印技术

由于树脂材料受很多因素的限制，如黏度、表面张力、小涂层厚度等，因此微立体光刻固化是基于单光子吸收聚合硬化的过程，微立体光刻能否实现在微尺寸范围内进一步提升分辨率，将是一个巨大的挑战。

基于双光子聚合激光的 3D 直写打印技术是能够实现纳米尺度的 3D 打印，其提供了一种最有效的解决方案。

物质的一个分子同时吸收两个光子，所引发的光聚合过程称为双光子聚合。由于光路上其他地方的光强不足以引发双光子吸收，所以双光子聚合一般发生在超强激光焦点处。而单光子因其光波长较长，能量较低，也不能发生双光子吸收。

双光子吸收：原子或分子同时吸收两个光子而跃迁到高能阶的现象。

双光子聚合加工：基于上述的光与物质相互作用的非线性双光子吸收原理，采用具有超短和超强特性的飞秒激光作为光源，能够针对特定物质进行 3D 微纳结构的制备，并且可以获得远小于衍射极限的加工尺寸。

不同于传统的微立体光刻（一种单光子微立体工艺光刻技术），基于双光子聚合激光的 3D 直写打印是基于双光子聚合原理（或者多光子吸收，multiphoton absorption）的。

单光子激发聚合固化和双光子激发聚合固化两者的区别如图 2.40 所示。

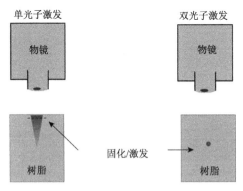

图 2.40   单光子激发聚合固化和双光子激发聚合固化的区别

基于双光子聚合激光的 3D 直写不同于传统的微立体光刻，它是基于双光子聚合原理，是目前实现纳米尺度 3D 打印最有效的一种技术。与其他现有的工艺相比，双光子聚合可以形成高分辨率的 3D 结构。

双光子聚合打印技术同样具有非常广泛的应用前景，尤其是在科研方面的应用。例如，在光学元件制造方面，双光子聚合加工是光子元件的理想加工手段，其加工出来的元件不需要进一步打磨，在一个光波长尺度下，粗糙度低于 20nm。不仅可以实现光学元件的小型化（如镜片、波导管），还能制造多功能集合的光学元件。

除此之外，双光子聚合打印技术在超材料方面也有重要的应用价值。以双光子聚合加工为代表的激光直写技术能够在纳米尺度构造 3D 结构，可以通过调整材料内部微观结构获得天然材料没有的性能，如制造光学超材料中非常关键的金属介电结构，进而实现材料的负折射率及光学非线性性能提升。光学超材料可进一步用于超分辨率成像、电磁隐身斗篷等。

双光子聚合打印技术在生物医药方面具有重要的价值，可以制造生物医学微型设备，如用于药物输送的微针头、微流控设备；组织工程支架，如构造复杂微观支架；模拟细胞微环境；为 3D 细胞培养、3D 结构对细胞行为影响的研究以及细胞各种形态的组织化提供强大的工具。

2.5.4　激光近净成型技术

LENS 技术的中文名为激光近净成型技术，由美国 UTC 公司与美国桑迪亚国家实验室在 1995 年开发，是一种使用 Nd:AG 固体激光器和同步粉末输送系统的激光近净成型技术，这促使激光近净成型制造技术上升到了一个新台阶。20 世纪 90 年代末期，美国 Optomec 公司致力于 LENS 技术的商业开发，近来推出了第三代成型机 LENS850-R 设备。LENS 技术的原理（图 2.41）是激光在沉积区产生熔融池，快速移动，材料呈粉末状或丝状直接传递到高温熔化区，熔化后逐步沉积，故又可称为激光直接沉积增材成型技术。

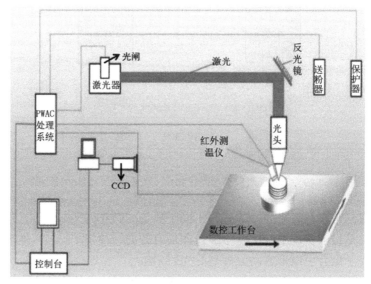

图 2.41　LENS 打印技术原理

LENS 利用同时传送激光和粉末的操作原理，将零件的 3D CAD 模型被计算机制成 2D 平面轮廓数据，并将数据转换成数字控制台的动态轨迹。同时金属粉末以一定的粉末供应速度传递到激光聚焦区，快速熔化凝固，获得点、线、面层，最终获得近净形零件实体，不需要成型或少量加工即可使用。LENS 可以实现金属部件的非模制造，节约大量成本。

LENS 技术的优点如下。

LENS 技术具有熔凝快、力学性能高等特点，成型得到的金属零件组织致密，无需后处理，能够实现非均质和梯度材料零件的制造。

LENS 技术的缺点如下。

热应力大、精度低、材料易开裂且只能加工形状较简单的零件，对于价格高昂的钛合金和高温合金粉末因其较低的粉末利用率，还必须要考虑制造的成本。

2.5.5　无模铸型制造技术

"PCM" 3D 打印技术的全称为无模铸型制造技术，英文名称是 patternless casting manufacturing，是由清华大学的激光快速成型中心研发而成的新型 3D 打印技术。这种 3D 打印技术与之前介绍的 SLS 打印技术有相似之处，采用的成型手法都是粉体成型，使用的黏结方法也十分类似，但成型部分还是有比较大的区别。接下来详细介绍 PCM 打印技术的具体原理，以及 PCM 打印技术的成型过程。

PCM 打印技术的具体流程（图 2.42）同其他 3D 打印技术一致。首先，在打印前进行预处理，使用类似 CAD 等建模软件进行模型的构造，将构建好的模型通过切片软件进行切片，分割成为若干片，接着保存切片软件所处理好的文件并将其录入到 3D 打印机中。

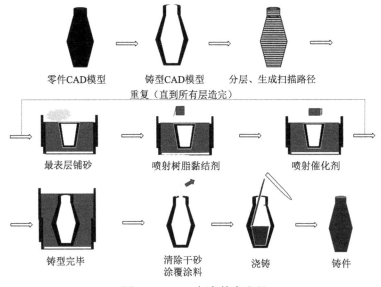

图 2.42　PCM 打印技术流程

然后开始打印。PCM 打印技术与 SLS 打印技术成型原理有相似之处，但又不完全相同。PCM 打印技术使用的耗材也是粉体材料，但不同于 SLS 使用的金属粉体材料，而是传统铸模技术中使用的型砂，PCM 打印技术与 SLS 打印技术在黏结方面是类似的，都是使用黏结剂将粉体进行粘连。在打印模型方面，PCM 不同于其他类型的 3D 打印技术，其他类型的打印技术直接将模型进行层层打印，而 PCM 是将模型的轮廓进行扫描后，再对模型轮廓进行打印。与其他打印技术相同，PCM 也是进行层层扫描。PCM 打印技术是从喷嘴处直接将黏结剂释放，并根据模型轮廓的形状进行层层注射黏结剂。待黏结剂将模型的轮廓黏结完毕后，将轮廓中心部分的型砂倒出，并将其清理干净。由于中间部分的型砂未经黏结剂的粘连，所以十分容易被去除。最后，将打印好模型的中间部分用传统浇铸模式进行浇铸，就可以得到完整的模型了。

最后是进行模型的后处理，3D 打印的模型会存在不精确的问题，有些技术在打印完成后会有较多的毛刺，后期需要使用剪刀将其去除。例如，SLA 在打印过程中需要一些支撑结构来保持模型的稳定性，在后处理的过程中也需要手动将其去除。PCM 打印技术也不例外，在黏结过程中也会出现一些偏差，所以待打印完成后，要检查是否有未黏结完好的部位，以后期进行手工黏结。完成这一步骤后，生产者可以根据自己对模型的需求对其进行染色等一些其他装饰。

PCM 打印技术虽然也要进行浇铸，但相比于传统铸型制造技术有很大优势，首先，就制造流程来说，PCM 打印技术在人工成本上面能减少很多花费，PCM 打印机在设定好参数以后，就可以自动操控，只需要对其进行监测而无需人工干预。其次，相比较于传统的铸模技术，PCM 打印技术可以轻而易举地完成很多复杂的模型，大大降低了工作强度。

PCM 打印技术也有一些局限性，因其主要采用型砂材料，导致 PCM 打印技术制造模型的范围窄。由于 PCM 打印技术可以代替人制作一些高难度的模型，因此，随着 PCM 打印技术的发展，大量制造人员将会面临失业。

2.5.6　计算轴向光刻技术

CAL（computed axial lithography）打印技术的中文全称为计算轴向光刻技术。该方法首先需要提供可光固化的树脂体，该树脂体容纳在光学透明树脂容器内，然后同时按多个角度 θ 引导来自光学子系统的光学投影并使其通过该可光固化的树脂体，并且是在 z 轴方向引导光束延伸通过该可光固化树脂体。投影中的每一个光束都有其计算函数，能够计算出用于创建 3D 强度图的 2D 空间强度。投影在固定曝光时段内起作用，在该固定曝光时段期间，净曝光剂量足以固化该可光固化树脂体的选定部分，并且使其他部分保持未固化状态，从而打印出事先设计好的 3D 构件。该技术显著提高了 DLP 技术的能力。基于 CAL 的体积增材制造技术前所未有的制造速度和分辨率，成为增材制造领域的一项重大进步。如果该技术能够更加适应生物医学应用领域的实际需求，则将为组织工程和再生医学提供一种变革性的工具。

现如今人们旨在进行角膜、皮肤和心脏补片的 3D 打印研究，开发用于治疗疾病和损伤(如角膜失明、皮肤烧伤和心肌梗死等)的可移植组织移植物。与传统的添加剂制造技术相比，CAL 具有以下优势。

首先，CAL 在液体材料中制造组织或器官方面具有内在优势。目前，至少 15 种组织或器官可以使用黏性液体材料（骨、软骨、角膜、神经、肌肉、血管、淋巴组织、内分泌腺、子宫、卵巢、宫颈阴道组织、肺、气道、肝、肾）进行 3D

打印，其中三种（角膜、肝、血管）可使用 DLP 技术。其次，计算机辅助制造允许构建坚实和光滑的表面，使大多数组织和器官的制造成为可能。例如，可以制造具有光滑表面的透明角膜，并可能将其移植到动物甚至人类患者身上。最后，与所有其他 3D 打印技术相比，CAL 实现了前所未有的制造速度，显著加快了从实验到临床的过程。使用这种计算机辅助制造技术的体积添加剂制造技术是添加剂制造的一大进步，提供了前所未有的制造速度和分辨率。

尽管这种方法理论上可以达到很高的分辨率，但与传统 DLP 方法类似，其仍存在以下三方面的问题。

（1）该技术仅能兼容光敏材料，因而其制造包含多材料或微结构的构件时能力有限。例如，目标区域的材料在固化过程中悬浮在液体中，高黏性或固态的前体材料被添加进去以减少位移和几何错位引起的模糊，这可能会导致前体材料残留在成品构件中。

（2）氧含量的衰减及氧或抑制分子的扩散对该技术精度的影响有待进一步研究。有相关人士提出了一种氧抑制方法以达到延缓固化时间的目的。通过在打印材料中充分溶解氧气或其他抑制分子，由光引发剂产生的自由基优先与抑制剂发生反应，从而确保在目标区域积聚足够的光强以使材料固化。然而在打印过程中，目标位置液体含氧量的非线性衰减对材料响应的影响有待进一步研究。光引发剂和氧的反应在"计算轴向光刻"过程中消耗了比例最多的时间。在反应的最后阶段，目标位置的氧含量低于阈值，材料迅速凝固。在此液固转化过程中，氧或其他抑制分子的扩散将需要深入的研究，以进一步提高制造精度。

（3）光的散射和叠加会影响制造精度。入射光的带宽因添加的染料而受到限制，而光折射引起的模糊则因垂直入射量而减少。然而，由于容器壁的物理特性和液-固界面的存在，入射光必然发生一定程度的折射、反射和衰减。由于投影系统的对焦深度远远大于所打印构件的直径，因此忽略了光学路径的变化。当分子聚合时，液-固界面也会导致光路的变化，从而导致能量损失和成像误差。因此，将这些因素纳入考量有可能进一步提高打印精度。

虽然关于计算轴向光刻技术有争议，但是对算法的改进和光的进一步研究，可以在生物 3D 打印和再生医学技术领域取得进展。笔者已经在角膜、皮肤和心脏补片的 3D 打印领域从事多年，致力于开发出用于治疗疾病和损伤（如心脏损伤、骨头坏死和皮肤烧伤等）的新型可移植的组织替代物。CAL 被认为比传统的附加生产技术更有利。首先，其技术在液态材料的制备或器官中具有独特的优势。目前，用于器官或组织的黏性液体材料已经多达 15 种，如血管、淋巴组织、角膜、子宫、肝脏等，其中角膜、肝脏以及血管已经使用了 DLP 技术。其次，CAL 可以创建一个光滑的表面，大多数组织器官都可以用 CAL 来制造。例如，角膜的制造要求具有光滑的表面，CAL 可以实现这种要求，最终制造出用于动物、甚至人

类的组织器官。最后，CAL 具有制造速度快的优势，因此可以加速在临床方面的
实际应用。

CAL 的体积增材制造技术具有制造速度快、分辨率高的优势，有望在增材
制造领域进行大规模的应用。但是该技术在生物医药领域的实际应用还需要进
一步的发展，如果该技术可以应用到医药领域，那将会在生物医药界引起巨大
轰动。

2.5.7　Xolography 技术

基于之前打印技术所出现的问题，科学家们想出了一种新办法：用激光在液
体上"雕刻"出想要的物体，这种方法被称为 Xolography。除了反应速度快，
Xolography 的优点还在于可以与紫外线光反应生成化合物，且其可以被回收重复
利用。

目前，研究人员还在优化这种化合物，以提高它的快速聚合能力，同时保证
最大的光学透明性和高黏度。

当然，Xolography 现在仍有一定的局限性。光在树脂中的穿透距离有限，因
此打印物体的体积受到限制。但是它超快的打印速度颇具实用化前景。研究人员
已经想到用它来加工定制运动鞋的鞋底。

早在 2017 年，阿迪达斯就已经尝试使用 3D 打印来加工鞋底，当时他们利用
3D 技术来打印 Futurecraft 4D 这款跑鞋鞋底。像这种复杂的镂空鞋底，传统技术
无法制造，只能由 3D 打印来完成。不过当时加工一片鞋底的过程大约需要 90min，
导致阿迪达斯在 2017 年大约只生产了 5000 双这种跑鞋。

如果将来能把 Xolography 技术用在 3D 打印跑鞋上，那么大批量生产不再是
梦想。也许以后就能用更低的价格把最新科技穿在脚上了。

Xolography 是一种双色技术，它使用可进行光转换的光引发剂，通过相交不
同波长的光束进行线性激发，从而在受限的单体体积内引发局部聚合。笔者使用
容积式打印机演示了这一概念，该打印机可生成具有复杂结构特征以及机械和光
学功能的 3D 物体。与最先进的体积印刷方法相比，该技术的分辨率约为无反馈
优化的计算机轴向平版印刷术的 10 倍，并且体积生成速率比双光子光聚合高出
4~5 个数量级。

Xolography 需要双色光引发剂（DCPI），通过将 II 型二苯甲酮光引发剂整合
到螺吡喃光开关中来实现。DCPI 及其相关衍生物的合成非常简单，涉及适当官能化
的基于吲哚的烯胺与酰化水杨醛的缩合。最初的螺吡喃状态在第一波长（375 nm）
处吸收，并且在光谱的可见光范围内是完全透明的。切换到潜在的花菁状态后，
其特征在于宽的瞬态吸收带覆盖了 450~700 nm 的可见光谱，第二个波长的吸收

产生了激发的二苯甲酮部分，与共引发剂结合使用，引发自由基聚合过程。重要的是，如果潜在的花菁没有被可见光照射，则在室温下，它会在含季戊四醇三丙烯酸酯（PETA）的树脂中恢复到最初的螺吡喃状态，其热半衰期为 $t_{1/2} = 6$ s。该系统的潜在缺点是由于花青素也吸收了光谱的 UV 部分，从而打开了有害的竞争性引发通道。相应的树脂经过优化，可为快速聚合和交联提供高化学反应性，并具有最大的光学透明性和高黏度的特点。

为了抑制单波长光引发通道，开发了光片法，以确保树脂腔室内的体素仅暴露于 UV 一次。为了生成光片，将 375 nm 二极管激光器的高斯光束转换为发散激光线，进一步准直，然后聚焦到打印体积的中心。结果是束腰向着容器的边缘变宽。由于衍射，体积中心的宽度越窄，边缘的宽度越大，反之亦然。

由于吸收了光引发剂分子，根据朗伯-比尔定律，UV 随着穿透深度的增加呈指数衰减。这导致沿光片的激发和光聚合分布不均匀，可以通过划分光并从相对的两侧照射体积来补偿这种效果。理论分析表明，通过使用这种叠加，对于高达 10 cm 的体积深度，对于所用的典型光引发剂浓度，沿光片的激发不均匀性可以保持在 13%以下。为了将切片视频辐射到光片中，使用具有 3840 像素×2160 像素（超高清）的数字投光器，并将其输出光谱限制为已激活的光引发剂分子的瞬态吸收带。投影光学器件已被替换，以在光平面中的焦点位置实现 21 μm×21 μm 的图像像素大小。投影仪的辐照度确定为 215 mW/cm^2。与紫外光片的辐照度相比，高出一个数量级以上，因此与竞争的单波长引发通道相比，它更有利于 DCP 途径。线性平台通过光学装置使树脂容器连续不断地远离投影机。以这种方式，光线仅穿过透明且均匀的树脂区域直至目标体积，而不受完全或部分聚合区域上的光折射和散射的干扰。激光、线性轴和投影仪由在 Raspberry PI 4 系统上运行的 Python 程序控制。

双色 3D 打印技术基于分子光电开关，不需要任何非线性化学或物理过程，是一种现成的、具有成本效益的极为灵活的方法。期望 Xolography 技术将可以促进从光引发剂和材料开发到投影和光片技术研究领域的发展，以及依赖于快速、高分辨率体积 3D 打印的众多应用。

2.5.8　电弧增材制造技术

电弧增材制造技术（wire arc additive manufacture，WAAM）通过采用一层一层的熔覆原理，在焊接（MIG）时使用熔化极惰性气体、钨极惰性气体来进行保护，热源为离子体焊接电源（PA）等焊机产生的电弧，通过丝状材料的增加，计算机程序的控制，并且由 3D 的数字模型线-面-体一步步成型出金属的零部件的先进数字化制造技术。这种制造技术有沉积效率高、对于高丝材的利用效率高、整体制造周期短、制造成本较低、零件的尺寸非常灵活并且对于零件的修复较简单等优点，该技术还具有制造时原位复合以及成型大尺寸零件的能力。与传统的锻造、铸造技术以及其他的增材制造技术相比具有很大的先进性，而且它不依赖于模具、成型时间短、柔韧强度高，在实现并行化、数字化和智能化制造的基础上，还非常适合对多品种、小批量的产品的制造，对于设计的响应也非常灵敏。WAAM技术的显微组织及力学性能十分优异，而且与之前的锻造技术产品相比节约原材料，尤其在节约金属材料方面十分突出。WAAM 技术的沉积速率高、制造成本低、对金属材质不敏感等，这些都优于以激光和电子束为热源的增材制造技术。WAAM 技术的制造零件尺寸不受设备成型缸和真空室尺寸的限制，优于 SLM 技术和电子束增材制造技术。

使用传统的熔化气体保护焊接的方法，电弧增材制造技术的热输入量较高，在刚产生的成型部件上会有排除热源反复移动，这样就会导致热的积累量变高，就会在材料堆积过程中产生飞溅、形成多个气孔等问题。

1. CMT（冷金属过渡）

丝材通过熔化堆叠来进行电弧增材制造，因此在这个堆叠的过程中就会在熔池中不断地积累热量，这些持续的热量输送产生的积累热量就大概率在熔池中产生飞溅，因此需要新兴的一项技术——CMT 技术。CMT 技术所产生的电弧温度和熔化丝材所产生的熔滴温度与传统的气体保护焊接相比较低，这是由于冷热交替循环的原理。基于数字控制方式的焊丝和断电弧的换向送丝监控即为冷金属过渡，由前后两套协同工作的送丝机构组成换向送丝系统，这样可促进间断输送的焊丝过程。

由上文可知，电弧增材制造是逐层堆叠工作的过程。因此就会出现一系列的指标如焊接的路径、送丝的速率等控制标准。较快或者过慢的送丝速率都会对焊件有影响，在加工复杂的曲面形的零件过程中会出现焊径规划较难或较低的成型效率等问题。

2. 激光视觉传感技术

实现不间断堆叠过程而进行电弧增材制造，需要使用一些包括热源、送丝系统和运动执行系统。在这些系统的组成机构的配合下，丝材原料就能经历由电热熔融到体成型的过程。但是执行机构的行进速度、同向位移量、定位精度和稳定性会对成型结果有较大的影响。机器人和数控机床在执行机构中目前使用较多。但是两者有着本质的区别，在实际中要根据具体的零件的特性来选择哪种机构。

2.5.9　电子束自由成型制造技术

电子束自由成型制造的英文名称为 electron beam freeform fabrication，简称EBF，该工艺起初由美国 NASA 兰利研究中心开发，该技术加入了美国国防高级研究计划局（DARPA）的创新型金属加工-直接数字化沉积的研究，能够用于多个领域的研究，在航空航天领域较为突出。

EBF 是把电子束作为加工的热源，通过离轴的丝状金属进行加工制造的工艺。通常需要减材工艺进行后续的加工来完成该增材工艺的制造。图 2.43 为 EBF 制造的模型简图。

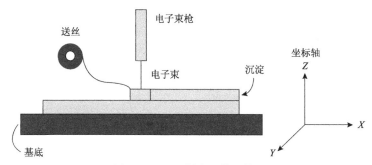

图 2.43　EBF 制造的模型简图

EBF 制造技术原理如下。

该技术须在完全真空的氛围中进行，金属的表面会在用高密度的电子束对金属的表面进行轰击时形成熔池，然后金属丝材会被送丝装置送入刚形成的熔池熔化，同时它也会按照设定好的路径进行运动，最后这些金属材料会一层层地凝固堆积，形成比较致密的冶金结合，直至制造出金属零件或毛坯。

EBF 技术制造成本低、交付周期短，能代替传统的锻造技术。为飞机结构的制造设计和一些飞行器加工构件提供了非常便捷的方法。EBF 技术可以混合两种材料，或者将两种材料相互嵌入，例如，将玻璃嵌入铝中，促进了传感器的区域安装，也可以直接形成一些金属材料，如铝、镍、钛、不锈钢等。EBF 已经实现了在 NASA 喷气式飞机上经历短暂失重状态的测试。

EBF 技术特点：具有较快成型速度、较高的材料利用率、不存在反射、较高能量转化率等特点。

EBF 技术优点：在真空成型环境中，利于大中型钛合金等高活性金属零件的成型制造。

EBF 技术缺点：具有较差精度，要进行后续表面加工处理。

2.5.10　激光熔丝增材制造技术

金属粉末是传统的激光增材制造技术的使用材料，而成型部件具有较差的表面质量、材料的利用率较低、对环境造成污染并且会对操作者的健康造成影响是送粉式激光增材制造的缺点。

　　激光熔丝增材制造系统由激光发生器、送丝系统、真空系统、3D 平台等组成。激光熔丝增材制造是形成实体零件要经过激光作为热源并按照一定预设路径分层堆积的过程。具体工作原理如图 2.44 所示：首先 3D 工作台上放置垫板，然后通过送丝系统把金属丝材传送到指定位置，经过激光系统的发射激光熔化金属丝材，随后将堆积材料凝固成型，3D 工作台按照预设路径在 XY 的平面上运动，形成单层金属丝材增材制造后，3D 工作台再在 Z 的方向进行移动，进行下一层工件增材制造，直到完成整个零件增材制造。

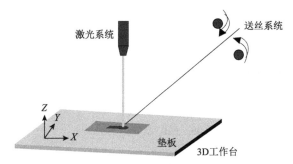

图 2.44　激光熔丝增材制造技术展示图

　　激光熔丝增材制造的过程：激光和送丝系统为同轴运行，激光束与金属丝在基体上聚焦为一点，然后形成熔池，在液体表面张力的作用下，熔池与激光束移动方向相同，前面的熔液快速凝固形成熔覆层，激光束移动的轨迹即熔覆层的形成轨迹。激光熔丝增材制造是"点、线、面、体"的形成过程。通过计算机程序设计激光的移动轨迹得到目标成型件。

　　激光熔丝增材制造的应用：铝合金和钛合金在激光熔丝增材制造方面有自身独特的优势，在一些领域应用比较广泛，如航空航天、汽车、机械制造、船舶、精密制造等。

　　激光熔丝增材制造的优势：材料利用率和熔覆盖率高，材料易回收，环境污染少，成本低等。

　　激光熔丝增材制造的未来发展：激光熔丝在生产效率、成型件的组织缺陷与残余应力等方面仍有待进一步深入研究，是一门新兴的制造技术。激光熔丝增材制造技术具备生产周期较短、沉积效率高、成本低等优点，在航空航天、汽车工业与生物医学等领域有着很好的应用前景。

　　激光熔丝增材制造技术的发展还有很长的路要走，在工艺参数、制造设备的研发与改进、综合在线监测系统的搭建等方面都需要进一步发展，技术的发展还需要很长时间的积累，以适应工业生产的需要。

2.6　3D 打印工艺总结

相信读者在阅读过以上内容之后已经对 3D 打印工艺有了详细的了解。宏观来看，目前 3D 打印技术在向着两个方向发展，第一是提升 3D 打印技术耗材的种类，因为打印机所使用的耗材种类越丰富，就意味着 3D 打印技术可以应用的范围越广；第二是提升 3D 打印技术的精度，对于某些种类的 3D 打印技术来说，它们的打印耗材非常单一，如 SLA、DLP 等利用光固化技术的打印机，通常都是以光敏树脂作为该打印技术的打印耗材，因此增加这些打印技术的耗材种类就显得非常困难，所以对于这些类型的打印技术来说，要做的就是提升它们的打印精度，进而使得 3D 打印技术可以实现在微纳尺度领域的应用。

以上就是目前 3D 打印技术的大致分类以及 3D 打印技术的发展方向。

第 3 章　3D 打印材料分类

　　3D 打印技术应用得是否广泛，最关键的因素就在于材料的使用。各行各业都有适合自己行业的材料，要想使 3D 打印技术应用在各个行业中，最重要的就是使 3D 打印机可以对这个行业中常用到的材料进行打印，这样就可以很好地将 3D 打印技术与这个行业结合起来，进而也拓宽了 3D 打印技术的适用范围。就目前而言，3D 打印技术所使用的材料相比较于其他制造行业来说是有限的，表 3.1 对目前 3D 打印技术可以使用的材料进行了梳理。

表 3.1　3D 打印材料分类

一级分类	二级分类	三级分类
3D 打印聚合物	工程塑料	ABS 材料
		TPU 材料
		PA 材料
		PC 材料
		PPFS 材料
		PEEK 材料
		EP 材料
	生物塑料	PLA 材料
		PCL 材料
	高分子凝胶	—
	热固性塑料	—
	光敏树脂	—
3D 打印金属材料	黑色金属	不锈钢材料
		高温合金材料
	有色金属	钛材料
		铝镁合金材料
		镓材料
		稀贵金属材料

续表

一级分类	二级分类	三级分类
3D 打印陶瓷材料	—	氧化铝陶瓷
	—	磷酸三钙陶瓷
	—	多孔碳化硅陶瓷
3D 打印复合材料	—	碳纤增强尼龙
	—	玻纤增强尼龙

3.1　3D 打印聚合物材料

　　3D 打印在发展初期使用的耗材大部分是聚合物材料,在 SLA 打印技术诞生时,首先使用的材料是光敏树脂,因为这种材料具有良好的特点,符合 3D 打印机的需求,因此,它是作为 3D 打印技术的第一种材料。随着 3D 打印技术的不断更新发展,有越来越多的聚合物材料都开始作为 3D 打印技术的耗材,如工程塑料、生物塑料、高分子凝胶等。接下来本节将对这些聚合物材料进行简单的介绍,并阐述这些材料作为 3D 打印机使用的耗材有何种优势,以及这种材料本身的特性是什么。

3.1.1　工程塑料

1. ABS 材料

　　ABS (acrylonitrile butadiene styrene)是由丙烯腈、丁二烯和苯乙烯组成的三元共聚物,A 代表丙烯腈,B 代表丁二烯,S 代表苯乙烯。丙烯腈有高强度、热稳定性及化学稳定性;丁二烯具有坚韧性和抗冲击的特性;苯乙烯具有易加工、高光洁度及高强度等特性。ABS 材料(图 3.1)作为丙烯腈、丁二烯和苯乙烯的三元共聚物,集这三种物质优良的特性于一身,是一种热塑性高分子材料结构,具有强度高、韧性好、尺寸稳定性高、易加工成型等特点,这种材料是非结晶性的,又称 ABS 树脂。

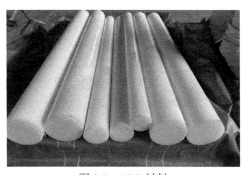

图 3.1　ABS 材料

ABS 材料无毒、无味、吸水率低并具有 90% 的高光泽度，外观是不透明的呈现象牙色的细小颗粒。它的颜色除了有象牙白之外，还有黑色，可广泛地应用于不同领域，如汽车、纺织、仪器仪表、电子电器和建筑等，是一种用途极广的热塑性工程塑料。上文已经介绍了 ABS 树脂具有很好的力学性能，不仅如此，因为它的抗化学药品腐蚀性很强，还比较适用于成型加工和机械加工。ABS 材料还具有很好的电绝缘性，并且几乎不受温度、湿度和频率的影响，可在大多数环境下使用。在一些化学环境中，ABS 材料不受水、无机盐、碱、醇类和烃类溶剂及多种酸的影响，但在酮类、醛类及氯代烃等物质中，ABS 会发生溶解。塑料 ABS 材料是目前产量最大、应用最广泛的聚合物之一。

ABS 材料除了可以单独制造材料以外，还可与多种树脂混合成共混物，如 PC/ABS、ABS/PVC、PA/ABS、PBT/ABS 等混合后能产生新性能，用于新的应用领域。

在 3D 打印技术中，ABS 树脂被用作 FDM 打印技术的耗材，且是在 FDM 打印技术中应用最广泛的耗材之一。但因为 ABS 材料不能进行生物降解，所以对环境有不良影响。在 3D 打印过程中，ABS 作为打印耗材时会出现材料精度变差的现象，大多数精度不高的原因是 ABS 耗材在打印初期，第一层与 3D 打印机工作基板直接接触的部分发生了向上卷曲的现象，这主要是 3D 打印机工作基板的预热问题，即没有加热到特定的温度，只有加热到特定的温度（一般是 50～110℃），工作基板才会变得平整、光洁，材料向上卷曲的现象才会消失。

ABS 材料的应用领域很广，例如，汽车的仪表板、车身外板、方向盘等很多零部件都是由 ABS 材料制作的；电器方面，ABS 材料广泛应用于电冰箱、电视机、洗衣机等电子电器中；在建材方面，ABS 材料也有广泛的应用，如管材、洁具、装饰板等。此外，ABS 还广泛应用于包装、家具、体育、娱乐用品和机械产品中。由此可见，ABS 在制造业中无处不在。

2. TPU 材料

TPU 材料的英文全称是 thermoplastic urethane，中文名称为热塑性聚氨酯弹性体。它是一种高分子材料，其分子结构由二苯甲烷二异氰酸酯（MDI）或甲苯二异氰酸酯（TDI）和扩链剂反应得到的刚性嵌段以及 MDI 或 TDI 等二异氰酸酯分子和大分子多元醇反应得到的柔性链段交替构成。

这种材料是介于塑料和树脂之间的一种物质，并且是一种成熟的环保材料，具有良好的韧性、高的强度、耐磨、耐寒、耐油、耐水、耐老化、耐气候等特性，除此以外，TPU 材料还具有高防水性、透湿性、防风、抗菌、防霉、保暖、抗紫外线以及能量释放等许多优异的功能，这些都优于普通的塑料。TPU 材料可以根据不同的分类依据进行分类。首先，按照分子结构分为聚酯型和聚醚型两种；其次，按照加工方式可分为注塑级、挤出级、吹塑级等。

TPU 材料（图 3.2）具有很多优良特性：高耐磨性、硬度范围广、机械强度高、加工性能好、耐油、耐水、耐霉菌、再生利用性好。TPU 材料的应用领域也非常广泛，包括一些汽车部件，如轴承、防尘盖、防滑链、各种齿轮、防震部件等。TPU 材料在鞋子领域也有着广泛的应用，包括足球鞋的鞋底及鞋前掌、女士鞋的鞋后跟、滑雪靴、安全靴等。在其他方面也有应用，如手表的表带部分、手机的保护套和保护壳、平板电脑保护套、电线与电缆，各种环形管线和各种车辆用箱。正因为具有良好的特性，且应用领域十分广泛，以及对环境的污染很小，因此，其在 3D 打印技术行业受到青睐，成为 3D 打印技术最为常见的耗材被大量使用。

图 3.2　TPU 材料

3. PA 材料

PA 材料的全称是 polyamide，中文名称是聚酰胺，别名为尼龙，又称为耐纶、锦纶，是由美国杰出的科学家卡罗瑟斯（Carothers）及其领导的一个科研小组研制出来的，是世界上出现的第一种合成纤维。PA 材料可制成长纤或短纤，其基本组成物质是通过酰胺键（—NHCO—）连接起来的脂肪族聚酰胺。常用的 PA 材料可分为两大类，一类是由己二胺和己二酸缩聚而得的聚己二酸己二胺，另一类是由己内酰胺缩聚或开环聚合得到的。

PA 材料具有很多性能上的优点：①机械强度高，韧性好，有较高的抗拉、抗压强度；②耐疲劳性能突出，制件经多次反复弯曲折叠仍能保持原有机械强度；③软化点高，耐热；④表面光滑，摩擦系数小，耐磨；⑤耐腐蚀，耐弱酸、机油、汽油，耐芳烃类化合物和一般溶剂，但不耐强酸和氧化剂；⑥有自熄性，无毒，无臭，耐候性好，对生物侵蚀呈惰性，有良好的抗菌、抗霉能力；⑦有优良的电气性能；⑧制件质量轻、易染色、也易成型。除此以外，PA 材料也具有一些不足，首先就是这种材料易吸水，且耐光性能较差，其次就是这种材料对于注塑技术要求较为严格，其余没有显著缺点。

　　应用方面，PA 材料的应用范围非常广泛，可以用于汽车工业，电子电器工业，交通运输业，机械制造工业，电线电缆通信业，薄膜及日常用品。与上述 TPU 材料的应用范围类似，此外，在包装用袋、食品用薄膜方面的应用也非常多。PA 材料如图 3.3 所示。

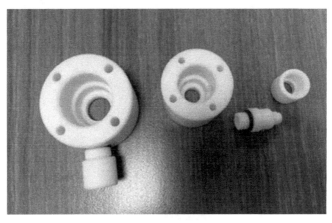

图 3.3　PA 材料

4. PC 材料

　　PC 材料的全称是 polycarbonate，中文名称是聚碳酸酯，又称为 PC 塑料。PC 材料是一种高分子聚合物，它的分子链中含有碳酸酯基，根据酯基的结构可分为脂肪族、芳香族、脂肪族-芳香族等多种类型。但并非所有种类的 PC 材料都可以用作工程塑料，在这三种类型中，脂肪族和脂肪族-芳香族类型的 PC 材料因为机械性能较差，所以不适合用作工程塑料，只有芳香族类型的 PC 材料可以用作工程塑料。聚碳酸酯现已成为五大工程塑料中增长速度最快的通用工程塑料，这取决于其结构上的特殊性。聚碳酸酯是一种强韧的热塑性树脂，之所以称为聚碳酸酯，是因为这个材料内部的 CO_3 基团。PC 材料可以由双酚 A 和氧氯化碳（$COCl_2$）合成。熔融酯交换法（双酚 A 和碳酸二苯酯通过酯交换和缩聚反应合成）是现使用较多的方法。

　　PC 材料的优点有很多，首先就是 PC 材料具有高强度及弹性系数、高冲击强度，并且使用的温度范围广。作为工程塑料，需要有较好的染色性，方便对其进行染色，尤其是在工程设计方面，对材料颜色会有很高的要求，PC 材料具有高度透明性及自由染色性。此外，PC 材料还具有好的耐疲劳性和好的耐候性，也是工程材料中非常重要的特性。

　　同样，PC 材料在许多领域都有较为广泛的应用。PC 材料在玻璃装配业、汽车工业和电子电器工业三大领域有很重要的作用。此外，PC 材料在工业机械零件、光盘、包装、计算机等办公室设备、医疗及保健、薄膜、休闲和防护器材等方面也有重要的作用。PC 材料的阳光板见图 3.4。

图 3.4　PC 材料的阳光板

5. EP 材料

　　EP 材料的全称为环氧树脂，泛指分子中含有两个或两个以上环氧基团的有机高分子化合物。大部分环氧树脂的分子量都不高，少数除外。这种材料之所以使用环氧树脂来进行命名，是因为环氧树脂的分子链含有活泼的环氧基团，在分子链中，环氧树脂可以位于分子链的中间或末端，也可以形成闭环，成为环状结构。

　　EP 材料最大的特点就是这种材料的黏结能力很强，万能胶的主要成分就是EP 材料。在其他性能方面，环氧树脂还具有良好的耐化学药品、耐热、电气绝缘性能，并且它的收缩率也很小，还有较好的弹性。相比于酚醛树脂来说，EP 材料具有更好的力学性能。但这种材料也有一些缺点，就是这种材料的耐候性差，且抗冲击强度低，质地脆。

　　在应用方面，因为 EP 材料的弹性性能很好，因此可以用于很多领域，不同于 ABS 材料，因为 ABS 材料的脆性大，EP 材料可以适用于 ABS 不能用到的某些领域。例如，3D 打印的球鞋、手机壳，以及 3D 打印的衣物等，都可以使用 EP 材料（图 3.5）进行制作。EP 材料的打印同 ABS 材料类似，采用的是逐层烧结的手法，但制作出来的材料依然有很好的弹性。

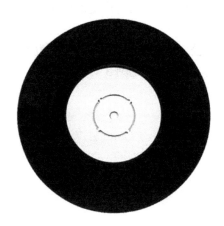

图 3.5　EP 材料

3.1.2　生物塑料

随着科技的不断发展和人类生活水平的不断提高，环境污染方面的问题也日趋严重。在发展早期的 3D 打印技术中，3D 打印最先使用到的材料是 ABS 工程塑料，这种材料虽然具有良好的力学性能，但是这种材料不能进行生物降解，会对环境有很严重的伤害。因此，开发一种可以进行生物降解的材料就显得十分必要。

生物塑料就是在这个大背景下诞生的，那么什么是生物塑料？简而言之，生物塑料是利用淀粉等自然条件中可以直接得来的材料进行一些处理制备而成的，并且这种材料具有可再生性，即使因为各种原因需要将这些材料丢弃时，也可以通过生物降解的手段对其进行处理，是一类环境友好型材料。

因为具有良好的力学性能，所以在制造行业，生物塑料的应用前景十分广泛，包括在 3D 打印技术领域，生物塑料也有着非常好的发展趋势。

1. PLA 材料

PLA 塑料的全称为 polylactice acid，中文名称是聚乳酸。作为一种生物塑料，它是由可再生的植物资源，如从玉米中提炼出的淀粉作为原料制作而成。先从玉米中提炼出淀粉，随后用淀粉原料经过一系列的发酵形成乳酸，再利用化学合成的方法将乳酸转化成为聚乳酸，这就是 PLA 材料的大致形成过程。这种材料因为合成物质是自然资源，因此在废弃后可以通过生物降解的方法将其分解为水和二氧化碳，而且生成的二氧化碳直接被土壤所吸收，而不是排放到大气中成为温室气体，所以这个过程并未产生多余的污染物。这种材料是一种环境友好型材料，因此得到了国家的大力支持，在 3D 打印领域常作为 FDM 打印技术的耗材，应用广泛。PLA 材料制作的吸管如图 3.6 所示。

图 3.6　PLA 材料制作的吸管

PLA 材料除了具有环境友好型的特点以外，在材料特性方面，PLA 材料同样有很大的优势，相比于专业的工程塑料毫不逊色，适合用作模型用材。在材料特性方面，PLA 材料具有收缩率低，且尺寸精度高的特点。制作或者打印制作完成后，成品的表面光滑，很少有毛刺出现。打印时也不会出现翘曲的情况，同时需注意，在打印过程中，要将打印机的工作台温度调制 60℃左右，这样可以更好地防止打印时出现翘曲的情况。同时，使用 FDM 打印技术对其进行熔融时，一般设置的温度为 195℃左右，相比于其他材料来说，PLA 的打印温度较低。同样，PLA 材料也有很多局限性，例如，这种材料打印出来的成品韧性较差，不耐冲击，并且这种材料的软化点较低，不利于掌控。因此，未来 PLA 在发展过程中主要是向着高强度、高韧性的方向发展。

在应用方面，PLA 材料的应用前景也十分广阔，如生物医药方面，PLA 材料可以制作成为医疗器械，还有航空航天领域、汽车领域，PLA 材料都可以作为这些高科技产品的零部件进行生产。并且因为 PLA 材料的环保特性，其有望成为代替石油基塑料的材料。

2. PETG 材料

PETG 材料的中文全称是聚对苯二甲酸乙二醇酯-1,4-环己烷二甲醇酯，英文全称是 poly（ethylene terephthalateco-1,4-cylclohexylenedimethylene terephthalate）。这是一种非晶型共聚物材料，常用到的共聚单体为 1,4-环己烷二甲醇（CHDM），具体的制备方法是通过乙二醇（EG）、1,4-环己烷二甲醇（CHDM）和对苯二甲酸（PTA）三种单体用酯交换法缩聚得来。因为合成途径的不同，PETG 材料与PET、PCT 材料相比较有很大的不同。因为这种材料生产的方式方法，以及这种材料的独特性，目前只有美国伊士曼、韩国 SK 两家公司的技术比较成熟。

在材料特性方面，PETG 材料首先作为一种生物塑料，具有很好的环保特性，生产剩下的废料可以进行生物降解，对环境无污染。PETG 材料具有很好的耐候性能，能够使产品具有坚韧的特性。在韧性方面，PETG 材料制作的板材相比于常见的亚克力板材来说坚韧性更好，比普通的亚克力板材坚韧 10～15 倍。此外，PETG 材料的耐化学性能好，可以耐受多种化学品以及清洁剂。在用作 3D 打印机的耗材时，具有收缩率低、尺寸稳定、低翘曲等优点，打印底部面积较小的模型时，可以不用加热底板，加强了打印机型的适用性。同时这种材料的透光率高，可以达 90%以上。还具有耐温的特性，在 80℃的时候也可以正常工作。PETG 材料如图 3.7 所示。

图 3.7　PETG 材料

在应用方面，PETG 因为具有很强的韧性，所以在应用方面可以应用在韧性和强度较高的物品上，如一些家用挂件、板材等，还可以制作一些对透明度要求较高的物品，例如，灯罩等需要有光透过的物品。因为 PETG 材料在特性方面具有很好的耐化学性，因此可以作为化妆品和一些化学药品的包装。PETG 材料也可以用于制作高性能的收缩膜，如一些产品的包装，以及一些商品的标签等。

3. PCL 材料

PCL 材料的英文全称是 polycaprolactone，中文名是聚己内酯，别称为 2-氧杂环庚烷酮的均聚物，ε-己内酯的均聚物合成方法是使用 ε-己内酯在一些金属有机化合物如四苯基锡等作为催化剂，二羟基或三羟基作为引发剂的条件下开环聚合而成，属于聚合型聚酯。其为白色固体粉末，无毒，不溶于水，易溶于多种极性有机溶剂。这种材料的生物相容性、有机高聚物相容性、生物降解性良好，废弃后可以将其进行生物降解，6～12 个月就可以完全降解。

因为 PCL 材料的熔点较低，只有 60℃左右，因此作为 FDM 打印机耗材的时候喷头温度只需要在 60℃左右即可，相比于 FDM 常见的打印耗材 ABS 和 PLA 来说，这种材料的温度值非常低，前者的温度均在 200℃左右，因此使用 PCL 材料进行打印时的危险系数很低，适合初学者和未成年人使用。但在设定打印机工作台温度时，要注意不要设定在 60℃左右，要尽可能低于 60℃，不然打印出模型的第一层无法在工作台上凝固，进而导致打印失败。但这种材料的价格非常昂贵，相比于其他 FDM 耗材来说，PCL 材料的价格是普通打印机耗材的数倍。除此以外，对 PCL 材料和 PLA 材料进行性能上的对比，如表 3.2 所示。

表 3.2　PCL 材料与 PLA 材料的性能对比

名称	PCL	PLA
类型	脂肪族聚酯	脂肪族聚酯
密度/（g/cm³）	1.14	1.24
熔点/℃	58～60	160
玻璃化温度/℃	−60	58
热变形温度/℃	—	−60
结晶度/%	45	10～40
拉伸强度	54	53
断裂伸长率/%	800	8

在应用方面，PCL 材料在应用时需要注意避免将其使用在 60℃左右的环境下，这会导致材料的熔化。此外，在其他领域，PCL 材料可用于农用种子包衣、肥料缓释等，以及其他对生物活性有要求的应用领域。PCL 在其他领域也有很广泛的应用，如医用造型材料、工业、美术造型材料、玩具、有机着色剂、热熔胶合剂等。PCL 材料如图 3.8 所示。

图 3.8　PCL 材料

3.1.3　热固性塑料

热固性塑料指的是该材料在受热条件下或者其他条件下能够发生固化现象或具有不溶（熔）特性的塑料。常见的热固性塑料有酚醛塑料、环氧塑料等。按照热固性塑料的交联类型进行分类，可以分为甲醛交联型和其他交联型两种类型。热固性塑料一旦形成了交联聚合物，经过受热后不能够恢复之前的可塑状态。这也是热固性塑料和热塑性塑料的区别。常用的热固性塑料有酚醛树脂、脲醛树脂、三聚氰胺树脂、不饱和聚酯树脂、环氧树脂、有机硅树脂、聚氨酯等。

热固性塑料在 3D 打印技术中也有很重要的应用，因为其具有强度高、耐火性的特点，可以作为 3D 打印技术的耗材，热固性塑料常在粉末激光烧结成型工艺中进行使用，在一些轻质建筑材料中，热固性塑料也有着很广泛的应用。

3.1.4　光敏树脂

光敏树脂在 3D 打印领域有着非常广泛的应用，在众多 3D 打印技术中都可以作为打印机的耗材。光敏树脂是一种液态光固化树脂，又称液态光敏树脂，通常被用于光固化的快速成型，主要由光引发剂、稀释剂和低聚物组成。最近几年，光敏树脂因其优秀的特性而被广泛应用于 3D 打印行业，并且越来越受到行业的青睐。

光敏树脂是一种由高分子组成的胶状物质，其链式交连的篱网状化学结构遇光会发生改变。这些分子在紫外线照射下会交联成很长的高分子聚合物，该聚合物会因化学键的结合由胶质树脂变成坚硬物质。

光敏树脂可以用来做印刷感光版和微晶片电路图模。在印刷过程中，先把底片放在光敏树脂上，再用紫外光照射光敏树脂。底片透明部分下的树脂经过光照后变硬，而未经照射的区域仍然柔软。清除掉柔软区域，就留下了明显的凸形条纹，便可复制底片图像。光敏树脂制作的模型如图 3.9 所示。

图 3.9　光敏树脂制作的模型

用于 SLA 的光固化树脂和下面介绍的普通的光固化预聚物特性基本相同，但由于 SLA 所需的光源不同于普通的紫外光，而是单色光，同时对固化速率又有更高的要求，因此用于 SLA 的光固化树脂一般应具有以下特性。

（1）黏度低。光固化是根据 CAD 模型，树脂一层层叠加成零件的技术。当叠加完一层后，由于树脂表面张力大于固态树脂表面的张力，液态树脂覆盖已固化的固态树脂的表面比较困难，必须借助自动刮板将树脂液面刮平涂覆一次，而且只有待液面流动平坦后才能进行下一层的加工，这就需要树脂有较低的黏度，以保证其较好的流平性，便于操作。

（2）固化收缩小。液态树脂分子间的距离是分子间范德瓦耳斯力作用的距离，距离为 0.3～0.5 nm。因此在固化后，分子之间就会发生交联，形成网状的结构，分子间距离转化为共价键距离，距离约为 0.154 nm，由此可知固化前后分子间的距离减小。分子间每发生一次加聚反应，分子间的距离就要减小 0.125～0.325 nm。虽然在化学变化过程中，$C=C$ 转变为 $C—C$，键长略有增加，但对分子间作用距离变化很小，所以固化后必然出现体积收缩。同时，固化由无序变为较有序，也会出现体积收缩。收缩成型后零件变形、翘曲、开裂等会严重影响零件的精确度。因此，目前 SLA 树脂面临的主要问题是开发固化收缩较小的树脂。

（3）固化速率快。一般以每层 0.1～0.2 mm 的厚度逐层固化成型，完成一个零件要固化上百万至数千层。因此，若要在较短时间内制造出实体，固化速率非常重要。激光束对一个点进行曝光的时间范围仅为微秒或毫秒，相当于所使用的光引发剂的激发态寿命。若固化速率低，不仅会影响固化效果，同时也会影响成型机的工作效率，因此很难用于商业生产。

（4）溶胀小。在模型成型的过程中，液态树脂将会一直覆盖在已经固化的部分工件表面，并且能够渗入到固化件内部，使已经固化的树脂发生溶胀，导致零件尺寸增大。只有树脂溶胀小，才能保证模型的精度。

（5）光敏感性高。SLA 所用的是单色光，这就要求感光树脂与激光的波长匹配，即激光的波长应尽可能在感光树脂的最大吸收波长附近。同时感光树脂的吸收波长范围应窄，这样可以保证只在激光照射的点上发生固化，从而提高零件的制作精度。

（6）固化程度高。可以通过减少后固化成型模型的收缩来减少后固化变形。

（7）湿态强度高。湿态强度较高可以确保后固化过程不发生变形、膨胀及层间剥离。

3D 打印所用光敏树脂和其他行业基本一样，由以下几个部分构成。

（1）光敏预聚体。

光敏树脂材料预聚体主要分为丙烯酸酯化环氧树脂、不饱和聚酯、聚氨酯和多硫醇/多烯光固化树脂体系几类。

（2）活性稀释剂。

活性稀释剂是一种低分子量环氧化合物，其内部含有环氧基团，它们可以参加环氧树脂的固化反应，成为环氧树脂固化物的交联网络结构的一部分。

根据各个分子含有的反应性基团的多少，可以将活性稀释剂分为单官能团活性稀释剂、双官能团活性稀释剂和多官能团活性稀释剂，如单官能团的苯乙烯（St）、（甲基）丙烯酸羟基酯（HEA、HEMA、HPA）等；双官能团的1,6-己二醇二丙烯酸酯（HDDA）、三丙二醇二丙烯酸酯（TPGDA）、新戊二醇二丙烯酸酯（NPGDA）等；多官能团的三羟甲基丙烷三丙烯酸酯（TMPTA）等。根据官能团不同分类，可以分成（甲基）丙烯酸酯类、乙烯基类、乙烯基醚类、环氧类等。按照固化机理分自由基型和阳离子型两类。结构方面也可以有不同的分类，具有 C＝C 不饱和双键的单体都是自由基型的活性稀释剂，如甲基丙烯酰氧基、烯丙基、丙烯酰氧基、乙烯基，这时光固化活性从大到小的排列为丙烯酰氧基>甲基丙烯酰氧基>乙烯基>烯丙基。

（3）光引发剂和光敏树脂。

光引发剂和光敏树脂（图3.10）的具体作用都是在聚合过程中起促进引发聚合物，但两者之间也有一定的差别，例如，光引发剂本身参加反应且在反应过程中被消耗；而光敏树脂则是起能量转移作用，它相当于催化剂，在反应过程中未被消耗。

图 3.10　光敏树脂

光引发剂是吸收光能后形成的，如自由基或阳离子等的活性物质，光引发剂主要包括：苯乙酮衍生物、三芳基硫铃盐类、安息香及其衍生物等。

光敏树脂的作用机理包括能量转换、夺氢和生成电荷转移复合物三种，经常使用的光敏剂有二苯甲酮、米氏酮、硫杂蒽酮、联苯酰等。

光敏树脂具有如下特性：光敏树脂与上文所介绍的 ABS 材料之间的材料特性有些许相似，在力学性能方面，光敏树脂的机械强度很高，比较适合用做一些工业用品的零部件。光敏树脂没有挥发性的气味，并且易于储存。光敏树脂的制备过程短，容易固化，制作出来的模型精度很高，表面也很平整。这种材料非常适合用于 SLA 打印机等类似打印技术的打印设备。

光敏树脂的应用领域非常广泛。光敏树脂可以作为绝缘漆，可以将其作为高压电机的主绝缘。光敏树脂还被用作金属保护涂料，其良好的耐热性和耐候性具有很高的匹配度。同时，建筑工程上的防水防潮涂料也可以用光敏树脂来制作。在电子电器领域和国防工业领域也会使用到光敏树脂，光敏树脂经常用来做半导体的封装材料以及电子电器的绝缘材料。

3.1.5　高分子凝胶

高分子凝胶是分子链经交联聚合而成的 3D 网络或互穿网络与溶剂（通常是水）组成的体系，这种材料与生物组织类似。简而言之，高分子凝胶是一种具有 3D 交联网络的高分子材料，高分子凝胶还具有很好的生物相容性。

随着 3D 打印技术的不断发展，有越来越多的材料可以通过 3D 打印机进行制作。高分子凝胶有一个重要特性，就是吸水溶胀性，这种特性对于 3D 打印技术发展成为 4D 打印技术具有重要的意义。通过 3D 打印技术将其制备成为设计者需要的模型之后，其体积较小，但因为这种材料具有吸水溶胀性，所以将打印好的模型浸泡在水或其他液体里面，就会发生膨胀现象。因此使用者可以根据这一特性，将一些体积较大的物体先制作得很小，在必要时可让其发生吸水溶胀，以减轻人们的负担。目前这种猜想还在实验当中，没有完全成熟。

3.2　3D 打印金属材料

金属材料是一种在日常生活和工业领域中应用非常广泛的材料，小到一把菜刀、一个勺子，大到航天航空方面，如飞机、卫星等，都离不开金属材料。可见金属材料对于生活的影响是方方面面的。

具有光泽性、延展性、传热性、容易导电等性质的材料称为金属材料。金属的分类可主要包括黑色金属和有色金属两个大类，但随着金属种类的不断增加，在这两类金属的基础上增加了特种金属这一项，但主要还是黑色金属和有色金属两大类。

黑色金属指的是铁、铬和锰及其合金，合金如钢、生铁、铁合金、铸铁等，这些金属都可以归结为黑色金属。虽然只有铁、铬、锰及其合金可以称为黑色金属，看似范围较小，但实际上黑色金属在世界金属产量上可以占到 95%，所以黑色金属是金属的重要组成部分。黑色金属同时也是冶炼钢铁的主要材料，因此将这三种物质分为黑色金属是有一定依据的。

人类文明发展至今，从原始时期的石器时代，到青铜器时代、铁器时代，几乎每个时代的转变都离不开金属材料的使用。时至今日，金属材料依然影响着人们生活的方方面面。

随着 3D 打印技术的不断发展，越来越多的领域渴望利用到这一先进的高科技技术来提高生产效率，并降低成本。要想拓宽 3D 打印的应用领域，首先要解决的问题就是拓宽 3D 打印技术所使用的材料。

在各个领域中，应用最广泛的材料就是金属材料，各行各业都离不开金属，所以，将金属材料变成 3D 打印机可以利用的耗材就成为最基本也是最为重要的问题。现在，金属 3D 打印技术主要有 SLM、（LENS、SLS 和 EBM 等，其中又以 SLM 为研究热点，它通过将具有高能量的激光作为热源来熔融金属粉末。国内外金属 3D 打印机采用的金属粉末一般有工具钢、马氏体钢、不锈钢、钛合金、铝合金、高温合金和镁合金等，常用的粉体为铝合金粉、钛粉和不锈钢粉。

接下来对上文所介绍的 3D 打印技术常用到的金属粉末进行介绍。

3.2.1　工具钢和马氏体钢

工具钢的适用性来源于其耐磨性、优异的硬度和抗形变能力，以及在高温下保持切削的能力。热作 H13 模具钢工具钢就是其中一种，其能够承受不确定时间的工艺条件。马氏体钢，以马氏体 300 为例，又称"马氏体时效"钢，在时效过程中因其高强度、韧性和尺寸稳定性被大家所熟知。它与其他钢最大的不同是不含碳，属于金属间化合物，通过丰富的镍、钴和钼的冶金反应硬化。由于高硬度和耐磨性，马氏体 300 适用于许多模具的应用，如轻金属合金铸造、注塑模具、冲压和挤压等，同时，也广泛应用于航空航天、高强度机身部件和赛车零部件。

3.2.2　不锈钢

不锈钢具有耐高温、耐化学腐蚀和力学性能良好等特性，又由于其粉末成型性好、制备工艺简单且成本低廉，因此成为最早应用于 3D 金属打印的材料。

目前，应用于金属 3D 打印的不锈钢主要有三种：奥氏体不锈钢 316L、马氏体不锈钢 15-5PH、马氏体不锈钢 17-4PH。

奥氏体不锈钢 316L 具有高强度和耐腐蚀性，可在很宽的温度范围下降到低温，可应用于航空航天、石化等多种工程应用，也可以用于食品加工和医疗等领域。

马氏体不锈钢 15-5PH 又称马氏体时效（沉淀硬化）不锈钢，具有很高的强度、良好的韧性、耐腐蚀性，而且可以进一步硬化，是无铁素体。目前，广泛应用于化工、石化、食品加工、航空航天、造纸和金属加工业。

马氏体不锈钢 17-4PH 在高达 315℃下仍具有高强度高韧性，而且耐腐蚀性超强，随着激光加工状态可以产生极佳的延展性。目前华中科技大学、南京航空航天大学、中北大学等院校在金属 3D 打印方面的研究比较深入；现在的研究主要集中在降低孔隙率、增加强度以及对熔化过程的金属粉末球化机制等方面。

3.2.3　钛合金

钛合金因为具有高耐腐蚀性、高强度、耐高温低密度以及生物相容性等优点，所以其在化工、核工业、航空航天、运动器材及医疗器械等领域有非常广泛的应用。

在高新技术领域内传统锻造和铸造技术制备的钛合金件已被广泛地应用，如美国 F15、F14、F117、B2 和 F22 军用飞机的用钛比例分别为 27%、24%、25%、26% 和 42%，一架波音 747 飞机用钛量达到 42.7 t。但是假如用传统锻造和铸造方法生产大型钛合金零件，将会被产品成本过高、工艺比较复杂、材料利用率低以及后续加工困难等不利因素阻碍其更为广泛的应用。而金属 3D 打印技术可以很好地弥补这些缺点，因此该技术近年来成为一种用来直接制造钛合金零件的新型技术。

3D 打印技术的高端发展是应用于飞机钛合金大型整体关键构件的激光成型技术，这对于航空工业来说是一场革命性技术，目前世界上处于领先地位的是中国和美国。$TiAl_6V_4$（TC4）是最早使用于 SLM 工业生产的一种合金。由于钛金属本身的耐磨性和抗塑性剪切变形能力差，在 3D 打印中，限制了在腐蚀耐磨和高温条件下应用。所以将铼（Re）和镍（Ni）加入钛合金中，并且将 3D 打印的 Re 基复合喷灌应用在航空发动机燃烧室，其工作温度可达 2200℃。

3.2.4　铝合金

铝合金具有良好的力学、化学、物理学性能，广泛应用于多个领域。由于铝合金自身的特性（如易氧化、高反射性和导热性等）加大了选择性激光熔化制造的难度，目前，SLM 成型铝合金中存在氧化、空隙缺陷、残余应力以及致密度等问题，这些问题可以通过增加激光功率、降低扫描速度以及严格地保护气氛等改善。

目前，SLM 成型铝合金材料主要集中在 Al-Si-Mg 系合金，主要材料有铝硅 $AlSi_{12}$ 和 $AlSi_{10}Mg$ 两种。$AlSi_{12}$ 是具有良好热性能的轻质增材制造金属粉末，主要应用在薄壁零件，还应用在航空航天及航空工业级的原型及生产零部件；Si/Mg 组合的情况会让铝合金更具有强度以及硬度，主要可以应用在薄壁以及复杂的几何形状的零件，在具有良好的热性能和低质量场合中应用更加适用。

3.2.5　高温合金

高温合金是指以铁、镍、钴为基体，能在 600℃ 以上的高温及一定应力环境下长期工作的一类金属材料，具有良好的抗热腐蚀性、高温强度、抗氧化性能以及良好的塑性和韧性。目前高温合金按合金基体种类大致可分为铁基、镍基和钴基合金 3 类。高温合金在高性能发动机方面具有很好的应用，在现代先进的航空发动机中，高温合金材料的使用量占发动机总质量的 40%～60%。现代高性能航空发动机的发展对于高温合金的使用越来越多，铸锭冶金作为传统工艺，冷却速度比较慢，铸锭中包含的第二相和部分元素偏析严重，具有热加工性能差、组织不均匀、性能不稳定的缺点。高温合金成型中技术瓶颈问题是由 3D 打印技术解决的。美国航空航天局发表声明，在 2014 年 8 月 22 日进行的一项高温点火实验中，产生的创纪录的 9 t 推力的发动机喷嘴是利用 3D 打印技术制造出来的。

Inconel 718 具有耐热、蠕变性、拉伸、疲劳、耐腐蚀性，是一种基于铁镍硬化的超合金，应用于各种高端场如陆基涡轮机和飞机涡轮发动机等。Inconel 718 合金是应用最早的一种镍基高温合金，广泛应用在航空发动机中。

钴铬合金是一种具有良好的生物相容性、耐腐蚀性强、高强度和无磁性的性能的合金，广泛应用在膝关节、髋关节和合金人工关节，在珠宝行业、时装、发动机部件中也有广泛应用。

3.2.6　镁合金

最轻的结构合金是镁合金，具有阻尼性能以及高强度，在多种应用场合可替代铝合金。例如，它在航天器组件以及汽车配件方面具有很多轻量化的应用，可以降低废弃排放和燃料使用量。它具有很低的杨氏模量和一定的原位降解性。镁合金机械强度接近人的骨骼，还具有很好的生物相容性，在外科植入方面有广泛前景。

若用高新技术科技领域中的一枚皇冠来比喻 3D 打印技术，那么皇冠上最闪亮的那颗珍珠就是金属 3D 打印技术。

虽然金属 3D 打印技术的发展依旧不成熟，所需要的成本也非常高，但科学家们已经实现了金属 3D 打印从 0 到 1 的突破。相信随着金属 3D 打印技术的不断进步和发展，金属 3D 打印机成本降低可以更快。

3.3　3D 打印陶瓷材料

陶瓷材料作为一种传统的手工类材料，因具有精美耐用的特点而被广泛使用，而因为其非常坚硬且脆性大的特点，将其应用于 3D 打印技术中非常困难。但是一旦突破这个门槛，3D 打印陶瓷技术会给 3D 打印技术带来巨大的发展，也会带来巨大的收益。

为什么要发展 3D 打印陶瓷技术？首先，陶瓷材料作为力学性能非常优良的材料，从陶瓷制作工艺诞生以来一直沿用至今，可见陶瓷制作工艺具有很强的实用性。但传统的陶瓷制作工艺只能制作简单的 3D 模型，远不能满足人们对于陶瓷使用的渴望。而 3D 打印技术的出现很好地将材料与制作工艺结合起来，如果将 3D 打印技术应用于制作陶瓷材料，那么各种复杂的陶瓷制品就可以轻而易举地实现制作，大大增加了陶瓷材料的使用范围。

经过 3D 打印技术的不断发展，科研人员逐步突破了打印陶瓷的瓶颈，目前已经有五种打印技术可以对陶瓷材料进行打印，分别是喷墨打印技术、熔融沉积成型技术、激光固化成型技术、分层实体制造技术和激光选区烧结技术。这五种通过 3D 打印技术打印陶瓷的方法又可以被分成两大类，直接成型法和逐层黏结法。其中喷墨打印技术属于直接成型法，熔融沉积成型技术、激光固化成型技术、分层实体制造技术和激光选区烧结技术属于逐层黏结法。直接成型法是使用将陶瓷粉末混合黏结剂后形成的混合物进行打印的方法，而逐层黏结法是对陶瓷粉体进行逐层黏结而形成实体的方法。

在 3D 打印陶瓷技术中，常用到的陶瓷材料主要有氧化铝陶瓷、磷酸三钙生物陶瓷、多孔碳化硅陶瓷等。接下来就对这三种陶瓷进行具体的介绍，包括它们的力学性能及一些相关应用。

3.3.1 氧化铝陶瓷

氧化铝陶瓷是一种以氧化铝（Al_2O_3）为主体的陶瓷材料，英文名称是 alumina whiteware，制备方法是将氧化铝材料制备成为粉体材料，一般氧化铝粉体的粒度在 1μm 以下。如果是制作高纯度的氧化铝陶瓷材料，则要求氧化铝的纯度在99.99%以上。除了含量达到要求，还需要用超细粉碎机将其进行粉碎并让其均匀分布。在使用压力机和注塑成型前，要用研钵对陶瓷粉体进行进一步的研磨，同时加入黏结剂，随后放进压力机中进行压片，最后对其进行烧制。

制备出来的氧化铝陶瓷有很多优点，首先就是，这种陶瓷具有很高的硬度。在中国科学院上海硅酸盐研究所的测试下，氧化铝陶瓷的硬度可达 HRA80～90，仅次于世界上最硬的材质金刚石。在耐磨性能方面，中南大学粉末冶金研究所测定后得出结论，氧化铝陶瓷的耐磨性能是锰钢的 266 倍，是高铬铸铁的 171.5 倍，也远远超过耐磨钢和不锈钢。如果将这些材料的设备都更换为氧化铝陶瓷，则该设备的寿命可延长 10 倍以上。基于这些优异的性能，氧化铝陶瓷受到了广泛的关注和使用。这种材料不但质地坚硬且耐磨，而且质量非常轻，氧化铝陶瓷材料的密度仅有 3.5 g/cm^3，是钢铁材料密度的一半，在提高设备硬度和耐磨性的同时，还降低了设备的自身重量。

因为氧化铝陶瓷具有硬度高、耐磨性好的特点，所以其应用领域也十分广泛。首先，在机械制造行业中，因为氧化铝陶瓷的抗弯曲强度可以达到 250 MPa，再加上氧化铝陶瓷具有很好的耐磨性，所以可以将其应用于制造刀具、球阀、磨轮、陶瓷钉、轴承等。其中，在陶瓷刀具和工业用阀领域，氧化铝陶瓷的应用最为广泛。

氧化铝陶瓷在电子、电力领域也有着很广泛的应用。因为陶瓷材料的一些优良特性，在电子电力领域已经存在使用氧化铝陶瓷制作底板、基片、陶瓷膜等的案例，如透明类的陶瓷以及各种氧化铝陶瓷材料制作的电绝缘瓷件、电子材料、磁性材料等，其中氧化铝透明陶瓷和其制作的基片应用最广。陶瓷膜的特点见图 3.11。

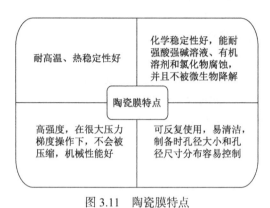

图 3.11　陶瓷膜特点

在化学化工领域，氧化铝陶瓷也有很多应用之处。例如，化工领域用到的化工填料球可以使用氧化铝陶瓷进行制作，耐腐蚀涂层和无机微滤球都可以使用氧化铝陶瓷进行制备。其中，在涂层和陶瓷膜领域中，氧化铝陶瓷的应用最广泛。

除了上文描述的以外，氧化铝陶瓷还可以应用到其他领域中，如生物医学领域、航空航天领域和建筑领域等。在生物领域中，一些人工制作的假肢、骨骼，都是通过氧化铝陶瓷进行制备的。因为其具有良好的耐磨性，并且质地十分坚硬，最重要的是这种材料的质量很轻，所以其是作为假肢的良好材料。

综上所述，氧化铝陶瓷的材料特性非常精良，因此在各行各业之中都得到了广泛的应用。但陶瓷如果想做成外观非常复杂的结构是很难实现的，3D 打印陶瓷可以很好地解决这一问题。3D 打印机可以利用其精密的打印精度，对模型的每一处进行详细的制作，所以，将陶瓷材料引入 3D 打印技术作为可用耗材是十分必要的。

3.3.2　磷酸三钙生物陶瓷

磷酸三钙生物陶瓷的分子式是 $C_9H_9NO_4$，英文全称是 tricalcium phosphate bioceramics，简称 TCP bioceramics，是通过 Ca/PC 为 1.5 的磷酸钙化合物构成的生物陶瓷。这种陶瓷目前为止有 6 种晶体结构，磷酸三钙陶瓷常用到的化学式是 $Ca_3(PO_4)_2$。这种材料常被用作制造人工骨。

生物陶瓷并非是使用生物类材料合成的陶瓷，而是这种陶瓷直接应用于人体中，或者与人体相关的其他行业领域，如生物医学、生物化学领域，因此称这种陶瓷微生物陶瓷。能够作为生物陶瓷的物质有其特定的性质，因为这种陶瓷要应用于人体中，为了避免人体免疫组织发生排外反应，要求生物陶瓷要具备好的生物相容性。此外，其还要有好的力学相容性和化学稳定性，只有满足了这些特性，才具备了作为生物陶瓷的基本条件。

而本节所介绍的磷酸三钙陶瓷就是在生物陶瓷领域中应用最广泛的陶瓷材料。磷酸三钙生物陶瓷之所以在生物陶瓷领域应用得如此广泛，最关键的因素就在于这种陶瓷的生物相容性非常好。当其用作生物制品植入人体中时，能够立即与骨相融合，并且也不会引起任何不良反应。

在力学性能方面，磷酸三钙生物陶瓷至少要有同人体骨骼相似的力学性能，如硬度方面和弹性方面。实际上磷酸三钙生物陶瓷材料相比于人体骨骼来说，具有更好的硬度和弹性，通常，磷酸三钙陶瓷的硬度和杨氏模量是人体骨骼硬度和杨氏模量的数倍。

之所以将磷酸三钙生物陶瓷这种材料引入 3D 打印技术中，同样是因为陶瓷材料不能够制作非常复杂的模型。使用 3D 打印技术可以很好地避免这一问题，帮助实现陶瓷材料进行复杂器件或者细小精密器件的制作，使磷酸三钙生物陶瓷可以应用于更广的行业中。

3.3.3　多孔碳化硅陶瓷

多孔陶瓷的英文全称是 porous ceramics，制备这种材料的原材料主要有三种，分别是刚玉砂、碳化硅和堇青石。使用这三种材料中的任意材料为原料，经过成型过程以及烧结过程制备出多孔陶瓷材料。这种材料有一定的开孔孔径，并且有高的开孔气孔率。多孔陶瓷具有很多良好的特性，包括耐高温、耐高压、良好的抗酸碱性能，并且还能够抵御有机介质的腐蚀。多孔陶瓷还具有使用寿命长，再生性能好的特点。多孔陶瓷如图 3.12 所示。

图 3.12　多孔陶瓷

　　本节所介绍的材料为多孔碳化硅陶瓷，这种陶瓷材料是多孔陶瓷材料的一种，是使用碳化硅作为原料进行一系列制备过程，包括球磨、加黏结剂、压片和烧结得到的。多孔碳化硅陶瓷是集良好的功能性和结构性于一身的陶瓷材料，并且多孔碳化硅陶瓷具有较大的气孔率，因此，在生物医疗领域、航空航天领域、保温隔热领域和净化过滤领域都有很好的应用。因此，用作 3D 打印技术的耗材可以使其得到更广泛的应用，增加多孔碳化硅陶瓷材料的应用场景。并且，使用 3D 打印技术可以方便快捷地制备多孔碳化硅陶瓷。

3.4　3D 打印复合材料

　　3D 打印的耗材是 3D 打印技术中非常重要的部分，3D 打印可使用的耗材越多，则 3D 打印可以应用的场景就越广泛。本节介绍一种 3D 打印技术使用的特殊材料：复合材料。

　　复合材料是使用两种或两种以上的材料进行混合而成的混合物，这样做是为了得到性能更好的材料。因为某些材料的性能比较单一，不能满足在一些应用场景的使用，为了得到各种多种良好性能的材料，可以将两种或两种以上的材料进行混合，得到一种复合材料，使得这种材料具有更广泛的应用。

　　复合材料的数量有很多，不再一一列举，仅对 3D 打印技术中常用到的两种材料进行介绍，分别是碳纤增强尼龙和玻纤增强尼龙。

3.4.1　碳纤增强尼龙

　　碳纤增强尼龙（图 3.13）属于导电尼龙材料的一种，制作方法就是在尼龙基料中加入碳纤维。这样做的目的是使尼龙材料具有更好的模量和刚性，在尼龙中加入碳纤维时一般选择加入刚性较好的碳纤维，而且加入碳纤维还可以改善尼龙材料的导电性能。一般加入碳纤维的量是 30%左右，这样的比例就可以使尼龙材料具有很好的导电性。加入了碳纤维之后，还能够使尼龙材料具有很好的耐磨性，材料的强度也会大大提高。所以，加入碳纤维可以改善尼龙材料的多种性能，增加尼龙材料的适用范围。

　　碳纤增强尼龙是一种环保材料，使用 3D 打印技术进行打印的时候，整个过程不会产生有害物质，且打印流畅无气味，打印出来的模型器件表面非常光滑细腻，且具有高强度、高刚性、高韧性以及良好的耐磨性，并且打印出来的物品可以耐受 120℃的高温，因此能够应用于需要耐高温的场合。这种加入碳纤维的尼龙材料与纯的尼龙相比，收缩率和吸水性会大幅度降低，并且打印的精度很高，打印过程中几乎不会出现卷曲和翘边，分辨率也很高。打印出的模型还具有很好的阻燃效果。

图 3.13　碳纤增强尼龙

3.4.2　玻纤增强尼龙

与碳纤增强尼龙类似，玻纤增强尼龙（图 3.14）也是通过在尼龙材料中加入玻璃纤维，进而增强尼龙材料的各种特性。玻纤增强尼龙可以根据制备方法分为包覆法制得的长玻璃纤维增强尼龙和以短切纤维经混炼或连续纤维导入双螺杆挤出机连续剪切混炼制得的短玻璃纤维增强尼龙。长玻璃纤维增强尼龙中纤维和塑料颗粒等长，短玻璃纤维增强尼龙的长度约为 1.2 mm。加入玻璃纤维的尼龙材料与尼龙材料相比，机械强度、刚性、耐热性、耐蠕变性和耐疲劳强度都有大幅度的提高，但是它的伸长率、模塑收缩率、吸湿性、耐磨性下降。

图 3.14　玻纤增强尼龙

在应用方面，玻纤增强尼龙可以用于航空航天领域、汽车制造领域、机械制造领域、化工领域等需要耐热的零部件和有足够刚性的零部件，如一些汽车齿轮、轴承、风扇叶片和自行车的零部件和渔具等精密工程制品。

第 4 章　3D 打印的前处理技术

3D 打印技术自诞生以来，就在各行各业受到了广泛的关注，某些科学家甚至认为 3D 技术能够掀起"第四次科技革命"，可见其对于人类文明发展的重要程度。

3D 打印技术并非直接就可以用打印机对需要的模型进行打印，在前文的内容中，想必读者也有了一定的了解，3D 打印过程在进行之前先要使用建模软件对想要得到的模型进行构建，随后再使用切片软件对模型的结构进行调整，包括是否添加支撑结构、模型的壁厚是多少等。除此以外，还要对打印机的一些参数进行控制，就 FDM 打印技术来说，切片软件可以调整打印速度、打印平台温度、喷头温度以及风扇转速等，这些都是需要用切片软件来实现的。由此可见，3D 打印技术的前处理过程对整个打印过程都起着非常重要的作用。

接下来，本章内容就对这些前处理过程中会使用到的部分建模软件和切片软件进行详细的介绍，帮助读者初步认识一些建模软件和切片软件，以便其在亲身使用的时候有选择的方向。

4.1　3D 打印常用的建模软件

大多读者对建模软件都不陌生，设计领域的研究人员对这类软件会更加熟悉。自计算机辅助设计技术出现以来，这种类型的软件层出不穷，常见的软件有 3D MAX 软件、犀牛软件、Pro/engineer、C4D 软件等。虽然它们都属于 3D 建模软件，但每款软件的功能却不完全相同，各款软件的侧重点也都有很大区别。因此，使用者需要根据自己模型的需求对建模软件进行正确的选择，包括它的一些功能以及操作的难易程度都要放在考虑的范围内。图 4.1 为使用建模软件设计的汽车模型。

因为建模软件的数量众多，在此就不再一一列举，接下来的章节对一些使用较多的软件进行简单的介绍，方便读者根据需求进行软件的选择。表 4.1 为多种建模软件的介绍。

图 4.1　汽车建模展示

表 4.1　建模软件的介绍

生产厂商	软件	简介	特点
Autodesk	3ds Max	高性价比的 3D 建模、动画和渲染软件	基于网格的 3D 软件，广泛应用于建筑效果图和游戏产业
	MAYA	3D 建模、动画、模拟和渲染的平台级软件	功能强大，与其他软件衔接方便，广泛应用于影视娱乐行业
	AutoCAD	广为流行的计算机辅助设计绘图软件	便捷的 2D 和 3D 辅助设计软件，建筑和工业设计领域大量使用
	Inventor	Autodesk 旗下参数化 3D 设计软件	特征建模、参数化设计，简化了建模过程，让工程师更专注设计
	Alias	先进的工业造型设计软件	大量用于汽车，消费产品外观造型设计，复杂曲面造型功能强大
Dassault systemes	CATIA	达索旗下高端模块化 3D 产品设计软件	支持从设计分析到加工的全部工业设计流程，适合大型产品的设计
	Solidworks	基于 Windows 开发的 3D CAD 系统	界面简洁、操作灵活、易学易用、功能强大
Robert McNeel	Rhino（犀牛）	基于 PC 的专业 3D 造型软件，广泛应用于消费产品、建筑设计等领域	基于 Nurbs 建模，复杂造型功能强大，众多插件支持、使用灵活、应用领域广
Siemnens PLM	UG（Unigraphics NX）	Siemens PLM 公司出品的参数化产品工程 3D 设计软件	轻松实现各种复杂实体造型，功能覆盖产品设计分析到加工生产整个过程
Pixologic	Zbrush	3D 数字雕刻和绘画软件	超强的 3D 艺术造型能力，广泛应用于影视娱乐行业

续表

生产厂商	软件	简介	特点
Google	Sketchup	Google 公司开发的简单易学，使用有趣的 3D 软件	操作方便，配合 google 的 3D 模型库，使用方便高效
PTC	Pro/E	计算机辅助设计、辅助分析，辅助生产一体化的 3D 软件。应用参数化技术最早的 3D 设计软件	参数化设计，基于简单特征的建模方式，由参数来约束特征的尺寸形状
Geomagic	Freeform	基于 3D 数字雕刻的工业造型设计软件	带力反馈，有真实的触感

4.1.1　3D Studio Max

3D Studio Max 通常又被称为 3ds Max 或 MAX，是一个基于 PC 系统的 3D 动画渲染以及制作应用的软件，它之前是一个关于 DOS 操作系统的 3D Studio 系列软件，Silicon Graphics 图形工作站垄断了工业级的计算机动画制作。计算机动画制作门槛的降低是由于 3ds Max + Windows NT 组合的产生，后者更多参与在了影视剧领域的特效制作，如《神奇女侠》《最后的武士》等。现在所使用的最新软件是 3ds Max 2020，它在 Discreet 3ds max 7 后才更名为 Autodesk 3ds Max。3ds MAX 界面展示见图 4.2，操作页面见图 4.3。

图 4.2　3ds MAX 界面展示

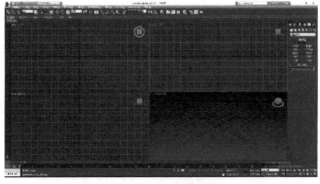

图 4.3　3ds MAX 的操作页面

3ds MAX 最具特色的应用是建筑设计和游戏开发，具体操作如下。

（1）建模。3ds MAX 采用主流的 Ploygon 和 NURBS（Ploygon 和 NURBS 建模有一些差异，前者主要用于构建较为复杂的模型，用于浮雕的制作；后者的建模方法主要用于曲面模型，它可调控任意精确的尺寸和投影视图）建模方法，具有非常简洁的命令执行菜单，可以随时随地修改，且具有自动保存功能。

（2）材质。3ds MAX 具有独有的材质球系统，材质通道能叠加许多种贴图来实现，在凹凸面可以通过置换来实现。

（3）灯光。3ds MAX 上有全局灯光设计，有多重的灯光参数，并在环境的方方面面都有涉及，靠渲染器来实现光散发的效果。

（4）渲染。3ds MAX 提供了与高级渲染器的连接功能，且它的 V-RAY 插件功能强大，具有非常好的渲染效果。

（5）动画。3ds MAX 以逐行帧和关键帧来进行动画编辑，曲线编辑器能看见动画节点位置，操作使用便捷。

3ds MAX 在 3D 建模、动画、渲染方面的表现近乎完美，能够完全满足读者对制作高品质效果图、动画及游戏等作品的要求。

3ds MAX 有很多优缺点，在此对其进行总结，方便读者在进行建模的时候，根据模型的特点和需要进行建模软件的选取。

3ds MAX 具有如下优点：

（1）对 PC 系统配置要求低，操作简单，容易上手；

（2）功能强大，扩展性好，可以安装插件增强 3ds MAX 的功能；

（3）兼容性强，和其他相关软件配合流畅；

（4）建模功能可进行堆叠操作，使制作模型有非常大的弹性。

3ds MAX 也有很多局限性：

（1）单面建模完成的模型在 3ds MAX 里渲染时容易漏光；

（2）修改 3ds MAX 单面建模的时候需要先进行材质分离，操作比较麻烦；

（3）3ds MAX 实体建模需要耗费的工时更长；

（4）实体建模对于计算机配置的要求更高，可能会造成卡顿或者崩溃的现象；

（5）3ds MAX 软件的挤出、挤压等指令在实体建模的时候不好用。

3ds MAX 在实际生活中有如下应用。

首先是在房屋的设计方面，房屋在建造过程前需要进行计算机端的操作模拟设计，这样可以降低预算成本，可以预见在房屋建造过程中会出现的一些问题，所以相当于预先模拟设计，可以大量减少所不必浪费的成本。房屋构型模型见图 4.4。

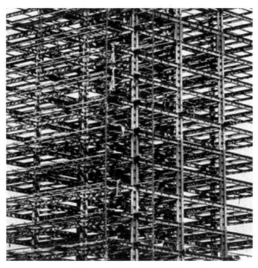

图 4.4　房屋构型模型

　　其次是模型设计方面，如果采用传统的铸造方法会有很多劣势：第一，较为费力，如果采用 3ds MAX 进行模型设计，可以减少不必要的损失；第二，浪费时间，传统的铸模方式耗费的时间过长，并且精确度较低，而 3ds MAX 的模拟设计就很好地解决了这一问题。

4.1.2　Pro/Engineer

　　美国参数技术公司（PTC）所研发的 CAD/CAM/CAE 一体化的 3D 画图软件是 Pro/Engineer 操作软件。它以参数化著称，在软件上的参数化技术最早得到应用，在目前的 3D 造型软件领域中占有很大的比例。Pro/Engineer 作为当今世界机械 CAD/CAE/CAM 领域的新标准，在业界得到了许多推广和认可，特别是在国内产品设计领域占据重要地位，是现今主流的 CAD/CAM/CAE 软件之一。图 4.5 为使用 Pro/E 设计的汽车模型，并经过 Keyshot 软件渲染后的效果。

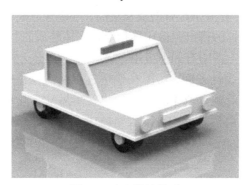

图 4.5　汽车结构模型

WildFire 和 Pro/Engineer 是 PTC 官方使用的软件名称，但在中国用户中存在多种使用名称，如 Pro/E、破衣、野火、ProE 等，指的都是 Pro/Engineer 软件，proe2001、proe2.0、proe5.0、proe3.0、proe4.0、creo1.0\creo2.0 等，指软件的不同版本。

　　Pro/E 的操作界面见图 4.6，这款软件能非常精确地制作模型，距离、角度、半径大小等都可以精确到多位小数。同时，Pro/E 也第一个提出了要进行参数化设计的概念。例如，如果设计者在 Pro/E 软件中绘制了一个半径为 25 mm 的圆形，并将其拉伸至深度为 100 mm 的圆柱体，但在制作之前，设计者想将其更改为半径为 50 mm 的圆形，这样在软件中对圆形的半径进行更改时，圆柱形的体积也会相应地发生改变。专业地说，假如设计者在进行模型绘制时将某一参数设定为 X，随后在其他数据进行设定时用到了 X，如 $X+Y=Z$，则改动 X 时会相应地改动。

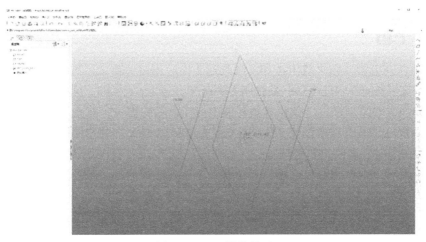

图 4.6　Pro/E 操作界面

　　参数化设计就是设计者在制作模型时，无论模型多么复杂，在将其进行分割时，每一部分都可以简化为最简单的立体图形，只需要将模型的每一部分都制作完好，无论再复杂的模型都可以顺利完成，并且将约束有限的参数进行。但参数化设计不能在零件模块下隐藏应用实体。

　　常用的参数化 CAD 软件包括 Pro/E、UGNX、CATIA 和 Solidworks 四种，这四种软件也并非完全相同。在 3D 建模方面，这四款软件各有千秋，每款软件在其特定的领域都有其用武之地。其中，Pro/E 是参数化设计软件的鼻祖，第一个将参数化设计应用于建模软件中的就是 Pro/E，正是因为 Pro/E 建模软件有参数化设计这个优势，因此这款软件一经推出就被设计领域的人士广泛追捧，并迅速占领了传统 CAD 软件的大份额市场。目前 Pro/E 设计软件主要应用于发动机、家用电器、电子产品等设计。面对 Pro/E 的迅速发展，被抢占市场份额的传统 CAD 软件，如 UG 和 CATIA 等也不甘示弱，随后也更新了参数化设计的功能，才得以与 Pro/E 软件形成分庭抗礼的局面，并且这两款软件在航空航天、飞机制造领域占有非常大的优势。由此可见参数化设计对于一款多功能设计软件的重要性。

Pro/E 有许多不同于其他建模软件的特点：

（1）通过零件的特征值之间、载荷/边界条件与特征参数之间（如表面积、面积等）的关系进行设计；

（2）参数化的表现，如图样中的特征、零件的特征值之间、载荷、边界条件等；

（3）能支持多种形态和大型组合件的设计（排列的系列组件，Pro/PROGRAM 的各种能用零件设计的程序化方法等）；

（4）特点化的驱动（如槽、腔、凸台、倒角等）；

（5）链接所有应用，它们之间有完全相关性（一个地方的任何变动都将引起与之有关的每个地方变动）。其他辅助模块将更好地提高扩展 Pro/E 的基本功能。

4.1.3　C4D

C4D 在电影《毁灭战士》和《阿凡达》中应用过，英文名称为 cinema 4D，它的中文名称译为 4D 电影，是德国 Maxon Computer 研发的，优势是较快的运算速度和强大的渲染插件，曾获过贸易展中最佳产品的称号，前身为 FastRay。

C4D 几乎所有模块都比 3ds MAX 强大。3ds MAX 在装修绘图行业处于垄断地位，在国内最重要的优势就是经营的时间比较长，人们对 3ds MAX 的认可度比较高。当然，C4D 也有自己的行业优势，主要在影视后期、工业渲染这两个行业表现突出。

C4D 还具备功能完善性，如复杂的贴图绘制、3D 雕刻等功能。然而 3ds MAX 只能依靠其他软件来解决，如展示 UV 的 UV layout、雕刻用的 ZBRUSH 等，这就造成使用者需要学习很多软件。但若使用 C4D 则一个软件就能胜任。C4D 界面如图 4.7 所示。

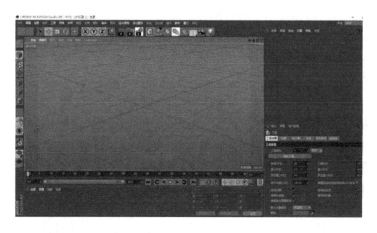

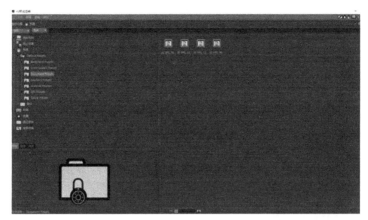

图 4.7　C4D 界面

C4D 与软件 After Effects（简称 AE）能够很好地结合。软件 C4D 在今天已经发展得很完善了，当使用 C4D 和 AE 制作作品时，将会发现整个过程是个富有创造性并且简单实用的过程。当熟练使用这两款软件时，便能够绘制出所需要的图。无论在电视包装，还是在产品广告、室外渲染、艺术创作等方面，C4D 都比同类型 3D 软件更好。

C4D 软件特点如下。

（1）C4D 软件是目前功能强大的系统之一。它的毛发系统，便于控制和快速地构造出模型，能够渲染出不同的效果。

（2）C4D 软件具有文件转换优势。从其他软件传入的文件都能兼容，不用担心文件损坏、缺失等问题。

（3）C4D 软件具有 BodyPaint 3D 功能。C4D 软件有多种笔触支持压感和图层功能，能直接在 3D 模型上进行绘画，功能强大。

（4）C4D 软件具有高级渲染模块。C4D 的渲染速度快，短时间内可创造出最具真实感的作品。

（5）C4D 软件可搭配 MoGraph 系统。MoGraph 系统是 C4D 的利器，给艺术家提供了一个全新的方法和维度。它将类似矩阵式的制图模式变得极为方便并简单有效。

（6）C4D 的预制库。它的预置库很强大，从中可以找到材质照明、动力学、环境和摄像机镜头预设等，极大地提高了工作效率。

4.1.4　SolidWorks

SolidWorks 是专门致力于研究机械设计的软件，其母公司是达索系统（Dassault Systemes），公司的总部位于马萨诸塞州，由 PTC 公司的技术副总裁与 CV 公司的副总裁于 1993 年共同成立。图 4.8 为 SolidWorks 的宣传图。

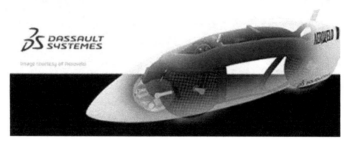

图 4.8　SolidWorks 宣传图

SolidWorks 是世界上第一款基于 Windows 开发的 3D CAD 软件，正因为这款软件的应用领域非常广泛，符合科技发展的潮流和趋势，因此，该公司在成立两年内就成为 CAD/CAM 领域发展最快的公司，同时也是利润最高的公司。公司从 1993 年成立至今，已经荣获了 17 项国际大奖，成为设计领域应用最广泛的技术之一。

SolidWorks 有非常多的组件，具有十分强大的功能，这款软件因功能强大、易学易用和技术创新三大优势，受到了设计领域人员的广泛追捧。

SolidWorks 具有很多特点，正是这些特点使得这款软件在众多软件中脱颖而出：

（1）SolidWorks 的实体曲面混合造型系统非常方便；

（2）SolidWorks 比较符合中国工程师的设计习惯；

（3）SolidWorks 具有良好的数据兼容性，可以有很多种格式的识别与转换；

（4）SolidWorks 具有最快捷的有限元分析功能；

（5）SolidWorks 照片级别的渲染效果非常真实；

（6）SolidWors 工程交流方式是突破性的；

（7）SolidWorks 互联网展示功能非常直观；

（8）SolidWorks 的产品发布动画十分吸引眼球；

（9）SolidWorks 具有广大的用户群体；

（10）SolidWorks 在不同地区的服务有些差异，优异的本土化服务具有很好的本土特色。

在软件的应用方面，SolidWorks 由于功能强大，可以应用的领域非常广泛，SolidWorks 在机械设计领域有非常多的应用，在制作一些复杂的模型方面也有其独到的特点。

4.1.5　Rhino

Rhino 软件，中文名称是犀牛，是由美国 Robert McNeel & Assoc 研发的 PC 端上的强大专业 3D 造型软件。Rhino 在工业制造、3D 动画制作、科学研究以及机械设计等领域有广泛的应用。Rhino 软件在模型功能方面能将 3ds MAX 和 Softimage 的模型功能很好地整合到一起，对于一些要求较高的模型，如弹性和精细程度要求较高的模型具有点石成金的效果。模型的输出格式包括 3dm、obj、IGES、STL、DXF 等不同格式，几乎可以适应所有的 3D 应用软件。在需要模型大批量生产的时候，Rhino 在提高整个团队模型生产力的方面具有很好的效果。因此，对于使用 AutoCAD、3D MAX、MAYA、Softimage、Lightwave、Houdini 等 3D 的设计人员来讲，Rhino 是一款必备的建模软件。

Rhino 软件包含了 NURBS 的所有的建模功能，在使用这款软件进行建模的时候，操作流畅，没有卡顿的存在，因此是许多设计领域建模软件的首选。

软件的特性方面，首先，Rhino 软件因为非常人性化的操作，并且其操作页面没有丝毫工程专用软件的气息，所以非常具有亲和力，即使是基础为零的人员进行简单的操作也会很快上手，因此有很多的初学者在刚开始接触建模领域的时候，都会首先选择使用 Rhino 进行研究学习。其次，虽然 Rhino 软件的操作较为简便、容易上手，但是丝毫不会影响其具有强大的建模功能，小到一个家用的小部件，如文具、眼镜框、医疗器械，到大的常见交通工具，如汽车甚至是船艇，都可以通过 Rhino 软件进行设计并制作。Rhino 是一款操作简单、功能齐全的建模软件，可以作为初学者的首选软件。

4.2　3D 打印常用的切片软件

切片软件在 3D 打印前处理中具有十分重要的地位，如果说建模软件是盖了一栋楼，那么这栋大楼只是简单的毛坯房，而切片软件是帮助这栋大楼进行装饰的工人，经切片软件处理后，毛坯房才会转变为高档别墅。由此可见，切片软件在 3D 打印技术中有不可替代的位置。

切片软件最主要的功能之一是将 STL3D 模型变成数字代码，即 Gcode 代码，随后，将切片软件切片完成的 Gcode 文件通过数据线，或者 U 盘、SD 卡等可移动设备移至 3D 打印机中，就可以进行 3D 打印了。切片软件除了可以对设计好的 STL 模型进行 Gcode 代码的转换，还可以对打印时的参数进行调整。就 FDM 打印机而言，可以使用的切片软件有 Cura、CraftWare 等，其中通过 Cura 切片软件对 STL 模型进行转换的同时，也可以对打印时打印机喷头的打印温度等打印参数进行调控，使打印更加方便快捷。切片软件对比如表 4.2 所示。

表 4.2　切片软件的对比

软件	功能	适用水平	系统
Cura	切片软件/3D 控制	初学者	PC/Mac/Linux
EasyPrint 3D	切片软件/3D 控制	初学者	PC
CraftWare	3D 建模/CAD	初学者	PC/Mac
123DCatch	3D 建模/CAD	初学者	PC/Android/iOS/Windows/Phone
3D Slash	3D 建模/CAD	初学者	PC/Mac/Linux/Web Browser
TinkerCAD	3D 建模/CAD	初学者	Web Browser
3DTin	3D 建模/CAD	初学者	Web Browser
Sculptris	3D 建模/CAD	初学者	PC/Mac
ViewSTL	STL 查看	初学者	Web Browser
Netfabb Basic	切片软件/STL 检测/STL 修复	中级	PC/Mac/Linux
Repetier	切片软件/3D 打印控制	中级	PC/Mac/Linux
FreeCAD	3D 建模/CAD	中级	PC/Mac/Linux
SketchUP	3D 建模/CAD	中级	PC/Mac/Linux
3D-Tool Free Viewer	STL 阅读/STL 检测	中级	PC
Meshfix	STL 阅读/STL 检测	中级	Web Browser
Simplify3D	切片软件/3D 打印控制	专业级	PC/Mac/Linux
Slic3r	切片软件	专业级	PC/Mac/Linux
Blender	3D 建模/CAD	专业级	PC/Mac/Linux
MeshLab	STL 编辑/STL 修复	专业级	PC/Mac/Linux
Meshmixer	STL 阅读/STL 检测/ STL 编辑	专业级	PC/Mac
OctoPrint	3D 打印控制	专业级	PC/Mac/Linux

STL 的格式数据是大量使用三角面片来尽可能地趋近于曲面进而表现出完整 3D 模型的数据格式。根据数学知识，当三角面片的数目越多时，3D 模型就越趋近于曲面。因为圆弧所对应的弦长越短，则该弦长的长度也就越趋近于圆弧。所以，当 STL 数据中三角形的数目越多时，生成的 STL 文件越大。图 4.9 为某 3D 模型的三角化前后对比图，在这两张对比图中，不难发现这两种格

式的区别。

目前,3D 打印机可以接受的数据格式包括 STL、SLC、LEAF 等多种,但仍然以 STL 格式为主,这种数据格式是由 3D 打印技术以及 SLA 打印技术的创始人和发明人 Charles W Hull 于 1987 年发明的一种语言。为了能够将构建好的 3D 模型转化成 STL 格式的文件,需要一种软件来完成这一工作,这就是 3D 打印技术经常用到的切片软件。

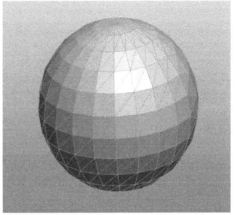

图 4.9 3D 型与 STL 格式模型的对比

因此在本节内容中,会对 3D 打印技术中常用到的切片软件进行逐一简单的介绍,帮助初学者在使用切片软件时做出适合自己的选择。

4.2.1 Cura

在 3D 打印技术领域,切片软件的功能大致相同,因此本节对 Cura 打印技术的介绍只是简单地将其不同于其他切片软件的特点进行阐述。之所以将 Cura 建模软件放在本节内容中第一个位置进行介绍,主要原因在于 Cura 软件在 3D 打印技术的切片软件领域地位很高,一是它的诞生时间相比于其他切片软件来说较早,二是这款软件的功能特点较为显著。尽管后期 3D 打印的切片软件的数量越来越多,但其功能基本都是在基于 Cura 软件上变革而成,因此其可以算是切片软件行业里面的开山之作,也是经典之作。

3D 打印软件的标准切片软件是 Cura,其能够兼容绝大多数的 3D 打印机,并且它的代码开源能通过插件进行扩展。

Cura 使用方便且有效,在一般的模式下能快速打印,也能选择"专家"模式,从而进行更精确的 3D 打印。其次,该软件通过 USB 连接计算机端后,可以直接通过计算机控制 3D 打印机。Cura 界面如图 4.10 所示。

图 4.10　Cura 界面

4.2.2　EasyPrint　3D

　　EasyPrint 3D 并不是单一的切片软件，切片功能仅是其中一个功能，它同时还可以通过 USB 连接 3D 打印机，从而控制其进行特定的运行。这与其他 3D 打印技术切片软件并不相同，其他切片软件除了切片功能之外，再有的功能就是对打印机的参数进行设置，也可以对打印机在打印模型的过程中进行监测，防止打印机在打印的过程中出现一些问题。而 EasyPrint 3D 可以控制打印机的运行，这是其他切片软件所不能实现的。EasyPrint 界面如图 4.11 所示。

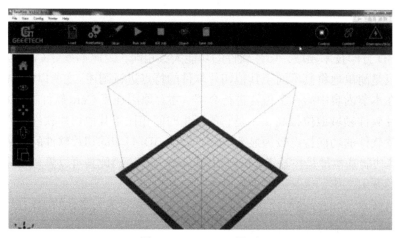

图 4.11　EasyPrint 界面

　　就软件的操作而言，该软件十分适合初学者使用，其简易的操作让打印不再是困难的事，同时，该软件也适用于专业级用户，其功能与 Cura 相差不大，但操作平台非常便利。

4.2.3　CraftWare

CraftWare 3D 打印切片软件由匈牙利的一家 3D 打印机设备商开发, 该软件也支持其他品牌 3D 打印机使用。和 Cura 一样, CraftWare 支持"简单"和"专家"模式的切换, 具体使用可以根据用户的使用习惯进行改变。这款软件最大的特点就是支持个人管理, 但该功能必须付费。CraftWare 的界面图如图 4.12 所示。

图 4.12　CraftWare 的界面图

4.2.4　Netfabb Basic

Netfabb Basic 是一款功能不错的 3D 切片软件, 该软件在用户进行切片前, 能够自动对整个模型进行结构分析, 从而快速且有效地编辑和修复 STL 文件。如果用户不想使用 MeshLab 或 Meshmixer 等其他工具, 那该软件可以满足其任何需求。Netfabb Basic 界面如图 4.13 所示。

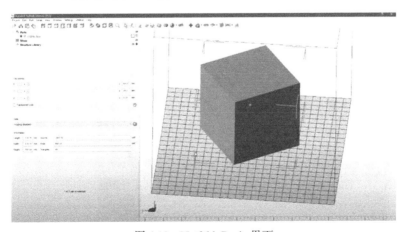

图 4.13　Netfabb Basic 界面

4.2.5　Repetier

如果以上软件都无法满足用户的需求，那么 Repetier 或许能成为下一个选择。Repetier 的功能基本跨越了中级到高级的用户群体。作为一体化的解决方案，它支持多个挤出机（最多达 16 个），通过兼容多个切片工具，从而使该软件几乎支持市面上所有 FDM 3D 打印机。Repetier 界面如图 4.14 所示。

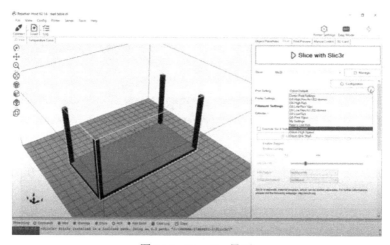

图 4.14　Repetier 界面

4.2.6　Slic3r

Slic3r 也是一款开源代码的 3D 切片软件，该软件最大的功能是可以在内部采用蜂窝式填充，从而达到更加结实的强度；另一个功能是与 Octoprint 直接集成，文件在用户桌面时，将其上传到该用户的"打印"框口，会使用户的操作方便快捷。Slic3r 绘制图如图 4.15 所示。

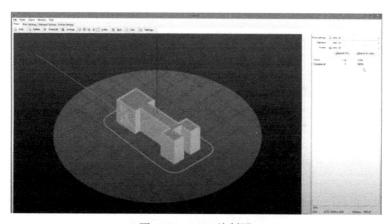

图 4.15　Slic3r 绘制图

第 5 章　3D 打印的后处理技术

由前文内容可知，3D 打印技术的打印过程步骤有很多，从前期处理的建模过程到切片过程，再到使用 3D 打印技术的打印过程，打印完成之后并未真正结束，因为这时候打印出来的模型只是简单的粗模型，它的精度并没有达到那么高，要想让模型的分辨率变得更高，后续的处理过程是必不可少的，研究者将这些过程简称为 3D 打印技术的后处理过程。

根据打印技术的不同，得到的模型会有不同的特征，每个特征的模型都需要使用不同的后处理技术。本章的内容就是对不同的 3D 打印技术所得到的模型的不同后处理过程分别进行简介。

5.1　SLA 打印技术的后处理

前文已经提到，SLA 打印技术通过光固化的基本原理进行模型的制作，因为激光扫描非常精确，所以制作出来的模型精度和分辨率非常高。但对于 SLA 打印技术来说，看似非常完美的模型，其实还并没有处理完成，真正制作完成一个模型还需要经过一些后处理过程，经过科研人员的总结，大致将整个过程分为以下八个处理步骤。

5.1.1　SLA 打印技术的后处理步骤

（1）工作台升出液面。当模型打印完成后，不能立即将模型从工作台上取下，待工作台升出树脂液面后，让模型在工作台上停留 5～10min。这样做的目的是将模型和工作台上多余的树脂晾干。

（2）清洗模型和工作台。待工作台和模型上的树脂晾干后，也不要急于将模型从工作台上取下。将黏有模型的工作台倾斜 45°，用异丙醇或乙醇对整个模型和工作台进行冲洗，随后再用大量的水对其进行冲洗。这样做的目的还是将多余的树脂清除得更干净。整个过程大约需要持续 30min。

（3）取出成型件。待上述两个步骤进行完毕后，可以进行模型的取出。具体方法是使用薄片铲刀插入模型和工作台之间，将模型进行逐渐分离，最后将模型翘起。取出模型后，将模型进行进一步固化。如果发现黏在工作台上的模型依然较软，可以连同工作台和模型一起进行二次固化。

（4）未固化树脂的排出。在打印完成后，如果在工件内部有未排出的液态树脂，那么后期进行固化的过程中会发生暗反应，导致这些未排出的树脂形成多余的突出部分。因此，前期对工件内部多余树脂的排出是非常重要的。可以在模型制作的时候在模型上构建一些小孔，或者是模型打印完成后用钻头在模型上钻孔，方便内部树脂的排放。

（5）原型件表面再次清洗。清洗的方式可以是将模型浸泡在容器中，或者是将模型放入超声波清洗机中进行清洗。

（6）后固化处理。如果前期使用激光照射制作的工件硬度还不能够满足要求，就需要再次使用固化机对模型进行二次固化。在使用固化机的过程中，建议使用可以照射到工件内部的长波进行照射，但要选择照度较弱的光源，这样的目的是防止模型温度急剧升高。除了使用紫外灯进行固化，还可以选择加热进行固化。需要注意的是固化的过程中，内应力、温度的上升会导致模型出现裂纹。

（7）去除支撑。前面所进行的过程是对树脂进行去除，这部分内容主要是将SLA 打印技术所制作的支撑结构进行去除。这个步骤中一般会使用到的工具是镊子和锉刀，在大体去除完成后为了使表面更加平整光滑，最后还可以使用砂纸进行打磨。但对于一些质地较脆的光敏树脂来说，后期如果对其进行支撑去除还可能会伤到工件本身，所以建议将这些树脂的支撑材料的去除步骤放在光固化之前，这样对工件的伤害最小。

（8）机械加工。对模型进行机械加工主要指的是对打印完成后的模型进行打孔和攻螺纹的加工手段。这个步骤主要是根据模型在生活中的应用场景来进行加工，但在进行机械加工的时候要注意尽量不要伤及工件本身。

5.1.2　SLA 打印技术的后处理关键技术

SLA 打印技术的后处理关键就是减小成型的收缩变形。

（1）树脂的收缩。上一节对 SLA 打印技术的关键步骤进行了详细的介绍，其中最重要的部分就是残液的清洗，残液清洗的目的就是防止树脂发生收缩。树脂在收缩的时候，体收缩率一般为 10%，线收缩率一般为 3%。

为了避免树脂收缩所带来的问题，在树脂的选择方面要注意。不同类型的树脂的收缩率是不同的。树脂的收缩主要有两部分，一部分是激光照射到树脂以后发生的固化收缩；另一部分是激光照射到树脂表面上引起温度的变化，进而发生的热胀冷缩，但是温度的不同波及的区域面积很小，因此温度变化引起的收缩率很小，可以忽略不计。但这种问题如果发生在大工件表面上，则不能忽略温度影响的热胀冷缩。

（2）SLA 原型的变形。变形最重要的两个部分是在树脂收缩产生的变形和二次固化时产生收缩。SLA 固化以后的变形是在 SLA 制作技术当中必须要考虑的重要因素。

（3）减小翘曲变形的方法。对于 SLA 打印技术来说，可以选择不同的光敏树脂来配合 SLA 打印机的光照强度和波长，简而言之，就是找到适合 SLA 打印机型号参数的光敏树脂。

5.2　FDM 打印技术的后处理

FDM 打印技术使用的耗材是工程塑料等聚合物材料，如 PLA、ABS、TPU 等，通过将材料进行熔融处理后，再由喷头喷射出来，逐层进行堆积，构成想要的模型。

因为在使用的材料方面，FDM 打印技术使用的耗材与 SLA 有很大的不同，并且打印技术的原理也完全不一致，所以在后处理方面，这两种技术也会有很大差别。接下来，本节对 FDM 打印技术的后处理工艺进行具体的讲解，帮助读者更好地解决在 FDM 打印的后处理工艺中会出现的一些问题，并提示一些应当注意的事项。

5.2.1　FDM 打印技术的后处理步骤

（1）对零件进行去除支撑，取出零件。首先，当 FDM 打印技术将模型打印完成后，工作台与模型之间会有一些支撑结构，将模型从工作台上取下的同时去除模型的支撑，对于工件表面的一些支撑结构可以利用铲刀、钳子或者镊子来修饰，但要注意，在去除表面支撑结构的时候势必会影响模型的表面粗糙度，所以一定要小心谨慎地去除支撑结构。

（2）零件的打磨。在完成上一步之后，因为去除支撑结构会对模型表面的光洁度有很大的影响，因此需要对工件表面进行一次彻底的打磨过程，这样做的目的一是消除第一步工序所留下的毛刺，二是去除在打印过程中所留下的纹路。这一步骤常用到的工具是砂纸，但根据模型粗糙程度的不用，也可能会用到专业的工具进行打磨，如锉刀、打磨机等。

（3）对原型的表面进行粗抛。在经过上述两个步骤以后，得到的模型其实并非完成后的最终模型。因为这时候的模型虽然基本的模型外观已经具备，但是还并不能直接应用。这一步是对模型进行粗抛，这样做的目的是使模型的表面更加平整光滑、有光泽。传统的抛光方法是机械抛光，根据材料的不同，还可以选择其他的抛光方法，如化学抛光、电解抛光、流体抛光、超声波抛光和磁研磨抛光。常用的抛光工具有砂纸、砂绸布和打磨膏，也可以使用抛光机进行抛光。

（4）零件表面涂装。进行模型表面涂装的主要目的是，首先可以对模型进行保护，防止与其他物质发生一些化学反应；其次可以对模型进行装饰，使模型变得更加美观、生动；最后，对于有特定需要的模型，可以通过涂抹图层对其增加一些特定功能。

一般经过上述四个步骤之后，就可以将一个 FDM 打印机打印出来的模型完全处理完成，但具体模型还要具体分析。

5.2.2　FDM 打印技术的后处理关键技术

研究者经过不断的尝试和研究发现，在上述四个步骤过程中，主要有两个技术是整个后处理的关键技术。

（1）去除零件实体的支撑部分。在 FDM 打印技术的后处理过程当中第一个重要的技术就是去除模型的支撑结构，这个过程看似简单，但对于模型结构是否完整起着十分重要的作用，去除不当会导致模型的损坏。为了更好地避免去除支撑材料时引起模型的损坏，美国在 1999 年开发出一种不需要去除的支撑材料，这种支撑材料所使用的是水溶性树脂，在打印过程中可以起到很好的支撑作用，以防止模型的倒塌，而在打印结束后，这种支撑材料会慢慢地褪去。此外，美国的 Mojo 打印机公司为了更好地将支撑材料去除，还专门设计了一套支撑去除系统，不需要人为进行操作，直接将打印好的模型放入机器中就可以得到去除支撑材料之后的模型。

（2）对于较大凸、凹痕的修整。因为模型制作或打印机参数的原因，打印出来的模型会有一些较为明显的凸、凹痕迹，对于这些模型先使用砂纸进行打磨，再使用风扇对模型进行干燥，去除表面的灰尘并观察是否有明显的纹路，再对一些有凸痕、凹痕或裂纹的区域进行补灰，最后用更高级的砂纸进行进一步的打磨。

5.3　3DPrint 打印技术的后处理

3DPrint 打印技术是通过涂抹黏结剂的手法对粉末材料进行黏结的技术。因为打印原理和使用耗材的类型与 SLA 和 FDM 打印技术并不相同，所以在后处理过程当中也会有很大的区别。并且相比较于前两种打印方式，3DPrint 打印技术得到的模型的后处理步骤非常简单，这也是 3DPrint 打印技术的优势所在。

3DPrint 打印技术的后处理步骤主要包括以下四个，分别是静置、去粉、干燥、包覆。因为不同的 3DPrint 打印机使用的粉体材料和黏结剂的种类不同，所以不同的粉体材料会直接影响后处理的每一个步骤。接下来对 3DPrint 打印技术的后处理步骤进行详细的介绍。

5.3.1　3DPrint 打印技术的后处理步骤

（1）静置。静置是指当 3DPrint 打印技术将模型打印完成后先不立即对其进行移动，而是先放置一段时间，这样做的目的是使黏结剂更好地与粉体之间实现交联反应，增强分子与分子之间的作用力，使模型更好地完成固化。静置这个步骤虽然是操作最简单的一步，但对于模型的成型确是最关键的一步。

（2）去粉。在静置步骤完成之后，模型表面还会有很多残粉没有去除，这一步骤就是为了去除模型表面多余的残留粉体。对于模型力学强度好的材料，这里力学强度好主要指的是粉体与黏结剂之间的粘连效果好，这种模型可以使用吹风机、毛刷和机械振动等方式直接对表面多余粉体进行去除。对于力学性能较差的模型，直接使用这种方法有可能会导致模型的损坏，所以需要使用微风或者低负压的方式进行粉体的去除。去粉的方式要依据制造模型的性能特点来判断。

（3）干燥。在经过上述两个步骤后，部分模型的后处理过程已经结束，但仍有很多模型在经过上述两个步骤之后并不意味着真正意义上的模型制作完成，这就需要进行二次固化来进一步处理模型。为了得到力学性能更优秀的模型，对于 3DPrint 打印技术来说主要是采用干燥的手法，一般就是将模型放入干燥箱中进行加热干燥，使粉体与黏结剂之间更好地进行粘连，这样可以进一步增强模型的力学性能。

（4）包覆。对于大多数制造商来说，经过上述几个步骤之后，虽然模型的力学性能已经基本满足了使用要求，但是有些模型因为对外观有一些要求，所以会进行最后一个步骤，就是包覆。包覆可以对零件表面进行着色，也可以涂抹一些物质，使零件表面具有金属光泽，也能够防止模型受到空气中一些化学成分的干扰，让模型的寿命更长久，也能使模型具有更好的外观。

5.3.2　3DPrint 打印技术的后处理关键技术

对于 3DPrint 打印技术来说，决定模型是否完美的关键步骤分别是在喷涂黏结剂时产生的零件坯的精度和零件坯经过后续处理后的精度。

为了在这两个方面对模型的精度进行提升，要在以下方面进行考虑。首先是在打印过程方面，对关键的步骤进行精准的喷涂黏结剂，这是最核心的一点。其次是在后处理过程方面要注意的部分较多，但根本目的都是使粉体与黏结剂之间的结合更牢固。这是从两方面提升模型精度的关键步骤，希望读者在以后进行 3DPrint 打印机的操作时能够重视到这个问题。

5.4　SLS 打印技术的后处理

SLS 打印技术与前文所述的 3DPrint 打印技术类似，使用的耗材都是粉体材料，因此在后处理过程中，这两种技术之间也会有许多相似之处。接下来就对这些后处理步骤进行简单的介绍。

5.4.1　SLS 打印技术的后处理步骤

SLS 打印技术与前文介绍的 3DPrint 打印技术的成型步骤是类似的，因为这种打印技术没有支撑材料，因此不会像 FDM、SLA 打印技术那样要对支撑结构进行非常烦琐的去除，下文对其进行简单的讲解。

（1）静置。首先，同 3DPrint 打印技术相同，第一步是对打印完成的模型进行静置，时间较久，为 5～10h。这样做的目的是让模型进行缓慢的冷却。待冷却完成后，再将模型从工作台上取出。

（2）取出原型。待原型坯冷却完成后，将其从工作台上取出。这个过程看似简单，但实际上非常有技术含量。先将工作台降下，然后使用毛刷对粉体模型表面的粉体材料去除干净，使模型顶端露出，其余残留的粉末可以使用压缩空气方式去除掉。

（3）改善工件表面。第二步完成之后，因为这时候的原型坯的表面还比较粗糙，需要使用一些工具对工件表面进行打磨，使用到的工具包括砂纸、锉刀、砂轮机和喷砂机等。

（4）原型坯的修补。在打印过程中，未免有一些结构十分复杂的模型会出现打印不完整的情况，也会有一些模型在后处理的过程中发生裂纹等问题，这时候就需要对这些破损的位置进行修补，使模型的整体更加完善、美观。

（5）高温烧结、热等静压烧结、熔浸、浸渍。在完成上述步骤之后，得到的模型并非最终的模型，工件表面仍然有许多粉体没有去除，并且工件的力学性能还不能够满足使用要求。这时候先将模型升至稍低温度，让模型表面初步升温，这样做的目的是方便去除之前未完全去除的粉体和杂质。然后再将温度进一步升高，使模型的形状能够长期保持。热等静压烧结是为了进一步增强模型的力学性能，使其有更好的应用。

（6）热处理。热处理过程是对熔渗后的模型的密度、强度进一步提高，这一步仍然是为了进一步提高模型的力学性能。这一步骤完成后，基本就得到了成熟的模型，其力学性能已经基本完美。

（7）抛光、涂覆。同前文内容所述相同，在模型的结构性能方面完成以后，为了延长模型的使用寿命，以及让模型在外观方面更加美观，会在模型表面涂抹一些颜料，对其进行上色，其次为了使模型的表面看起来更加光滑、富有光泽，要对模型进行抛光处理。同时也可以涂抹一些物质将模型与外界相隔绝，这样做可以使模型的使用寿命延长。

5.4.2　SLS 打印技术的后处理关键技术

在 SLS 的后处理工艺中，虽然大致内容与 3DPrint 打印技术相差不多，但是仍然有一些关键步骤值得注意。在研究者进行反复操作总结之后，一致认为以下四个步骤是 SLS 打印技术后处理的关键步骤。分别是高温烧结、热等静压烧结、熔浸、浸渍。

（1）高温烧结。高温烧结这项技术广泛应用于金属材料和陶瓷材料中。高温烧结的目的是使坯体内部的空隙减小，密度和强度增加，其他力学性能也会有一定程度的增加。需要注意的是，高温烧结虽然可以增加模型的力学性能，但是因为模型内部的孔隙减小，模型会发生一定程度的收缩，也会对模型的精度有一定的影响。

（2）热等静压烧结。热等静压是为了消除模型内部当中更加细小的裂纹和气孔，在高温烧结的基础上进一步提高了模型的力学性能。热等静压可以使工件表面更加致密，这是其他热处理工艺难以达到的，同时，也会使模型进一步收缩。

（3）熔浸。这种方法是将金属或陶瓷制件与另外一种低熔点的液体金属进行接触，使得液体金属填充到制件的孔隙中，冷却之后，可以使制件更为致密。但这种方法并非完全适用，要选择好合适的熔浸材料和熔浸工艺。

（4）浸渍。熔浸工艺和浸渍类似，区别在于，浸渍是将非金属物质渗入 SLS制作的模型的孔隙中，经过浸渍处理的工件尺寸变化很小。在浸渍过程中，要很好地控制温度、湿度、气流等，如果控制不好，会导致坯体开裂，进而影响工件质量。

第6章　3D打印技术的应用领域

3D打印技术因为其广泛的应用而被称为"第四次科技革命的引领技术"。想必读者在一些杂志和新闻中对于3D打印技术的应用有一定的了解，如3D打印的房屋、3D打印的巧克力等，这些意味着3D打印技术已经从尖端技术逐渐转向民用化，开始为大众服务。3D打印技术在各应用领域的占比见图6.1。本章将对3D打印技术的应用领域进行具体介绍，并通过一些应用举例，帮助读者对3D打印技术有更直观的认识。

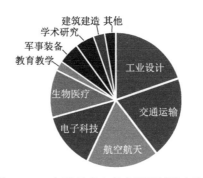

图6.1　3D打印技术在各应用领域的占比

6.1　工业设计领域

在工业设计的过程中，首先要进行模型外观的设计，在模型完成以后，再将产品进行打样。模型外观的设计是为了使制作模型具有观赏性；对产品进行打样是为了测试模型，验证模型的可行性。传统的工业设计多使用数控机床来进行，而近来越来越多从事工业设计的企业开始选择3D打印技术来代替数控机床。

3D打印技术刚起步时机器成本和耗材的价格都非常昂贵，不在大多数人所能接受的范畴。但随着3D打印技术的日趋成熟，机器成本的价格和耗材的价格逐渐降低，使得3D打印机的价格也越来越低，不仅企业公司可以接受，高校和研究所的课题组也负担得起，甚至有些打印机（如FDM打印机），普通人也可以置办得起，这也是3D打印技术越来越流行的原因之一。

那么在工业设计领域,3D 打印技术究竟有哪些方面的应用呢? 首先在家庭方面, 小到水果刀、晾衣架, 大到家用电器, 这些商品都可以通过 3D 打印技术进行制造。现在越来越多的人希望产品的设计能够个性化, 能够按照自己的审美对产品进行特定的设计,3D 打印技术刚好可以满足此需求。它可以根据使用者自己的意愿来设计产品, 也可以根据家庭的环境对产品进行设计, 如希望产品符合自己家庭的装修风格, 或是符合家庭构造的尺寸等, 这些都可以通过 3D 打印技术进行定制, 并且制作的成本也很低。人们在这些物品损坏以后还可以自行制作和替换, 节省了大量的成本。

在传统的工业领域中, 制作一件商品时, 先要对模型进行设计, 设计出来的模型也不一定可以直接使用, 还需要不断对模型进行改造, 整个过程需要耗费大量的时间, 同时也需要大量的人力和财力。而使用 3D 打印技术则不然, 它可以快速并且精准地得到实体模型, 相比之前的传统手法,3D 打印技术可以节省大量的时间和成本。不仅如此, 使用 3D 打印技术制作出来的模型的尺寸更加精准, 也更加符合使用者的需求, 因此目前 3D 打印技术是工业设计企业的最好选择。

在小批量模型生产方面,3D 打印技术的贡献也很大。将公司设计好的产品通过 3D 打印技术进行生产制作, 可以节省大量的人力成本。在传统情况下, 每一条流水线都需要至少两名员工, 而 3D 打印技术则可以同时进行, 并且机器一旦运作起来, 几乎不需要人为对其进行干预。因此, 使用 3D 打印技术来进行模型的制作十分方便, 可以节省大量的人力成本, 同时可以更好地解放生产力。

综上所述,3D 打印技术对工业设计领域的影响主要有以下方面。一是在设计理念方面。3D 打印技术在生产制作方面拥有很高的自由度, 能够帮助设计师打破思想的束缚对产品的外观进行设计, 不需要工程师考虑能否制作出设计者想要的模型, 也不用考虑模型的尺寸大小问题, 因为这些在传统的制作工艺中看似不可能实现的模型, 对于 3D 打印技术来说是十分简单的, 因此 3D 打印技术拓宽了设计者的思路。

二是 3D 打印技术对设计流程的影响。传统的模型制作方法一般是简单的手工制作配合一些工具和机器对模型进行制造, 这种方法往往同模型设计者的概念图有很大的偏差, 从而影响模型的生产进度。3D 打印技术可以将设计者理念与制造过程完美地进行对接, 按照设计者的设计理念直接将概念图输入 3D 打印机器中, 完全按照设计者设计的模型尺寸和外观进行制作, 从而避免了制作者不能够完全理解设计者的设计理念而产生制作偏差。图 6.2 为 3D 打印机与其制作模型的展示图。

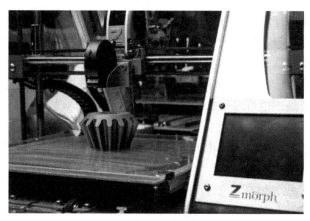

图 6.2　3D 打印机及其制作模型

三是 3D 打印技术对传统设计产业的影响。在传统模式下，产品是经过设计者的模型设计、制作者的手工制作，最后将成品推向市场进行销售，但是生产的产品样式单一，不能符合所有消费者的审美。而 3D 打印技术的出现会使具有一定设计理念和研发能力的消费者成为产品的设计师和生产商，对传统的工业设计公司的冲击力度非常大。

由上述可知，3D 打印技术对工业设计领域的影响是多方面的，有积极的，也有消极的，在节省大量成本的同时也会带来一定的就业压力。此外，因为制造门槛的降低，也会在一定程度上对工业设计领域企业产生冲击。

6.2　交通运输领域

交通工具的发明大大方便了人们的出行。从原始社会的步行，再到封建社会的骑行、马车等，虽然也在不断进步，但对于整个世界来说，这些交通工具远远不能挣脱地域带给人们的限制，所以才有了后来蒸汽机车、火车、汽车的发明，最后出现了飞机和航天飞船。

那么 3D 打印在日常生活中的"行"中，也就是交通运输领域里面扮演了怎样的角色呢？其实同 3D 打印在大部分领域的应用相同，在汽车领域，3D 打印也扮演着同样的角色。但为什么要将 3D 打印引入汽车制造领域呢？首先，3D 打印技术所能利用的耗材必须包括制造汽车所用到的材料，如一些金属材料和一些金属合金材料。众所周知，制造一辆汽车需要花费的时间是非常长的，并且经常会进行多个部分的分别加工，最后再将其进行各个部分的组装，既费时又费力，并且如果出现组装不牢固的情况还会发生散架等非常危险的事故。如果将 3D 打印引入汽车领域中则会有很大改善，汽车的顶部、内部的结构，以及底盘等部分可以"一气呵成"地进行打印，直接打印出一个整体，牢固地连接在一起，也就避免了上面所提及事故的发生，同时减少人工、材料等方面的成本。通用汽车公司还通过 3D 打印技术制造了一种具有定制化刚度的轻巧连杆，它由三个部分组成，第一部分是可转动的且与活塞连接，第二部分也可转动且与曲柄连接，中间杆在第一部分和第二部分之间起固定与支撑作用。中间区域的表面积是由点阵填充的轻量化区域。

其次，汽车在进行批量生产之前，都会进行模型的构建，并且测试是否能够达到批量生产的条件。如果没有 3D 打印技术的支撑，在建造完成测试模型之后，若不能够达到目标要求，这个模型相当于白白浪费，这样既耗费了大量的人工，又耗费了大量的原材料。如果将 3D 打印应用于测试产品领域，会有效地减少在产品模型生产方面所耗费的成本。

同样，不仅在汽车模型建造领域，在交通运输领域，3D 打印同样发挥着关键的作用。例如，通用汽车公司在 2015 年宣布开设一个全新工厂，全部设备用 3D 打印，用来验证新用途的增材制造技术。通用汽车公司配备了 24 台 3D 打印机，包括选择性激光烧结、选择性激光熔融和熔融沉积等增材制造技术。

随着时间的推移，3D 打印技术的发展将越来越完美，在未来，3D 打印技术在汽车维修领域一定大有可为。在这个过程中，选择合适的 3D 打印技术是重中之重，因为合适的技术才能保障产品的质量，不同的工况、客户不同的需求需要匹配不同的 3D 打印技术，加工出高质量的产品。在维修过程中，要根据维修的方法来选择最匹配的打印技术，从而保证工件质量。目前，3D 打印技术因为在社会上普及度不高，在各大领域并不能让人们看到它广阔的应用前景，主要原因是增材加工方法没有很好地被宣传。因此，应该结合国家政策，顺应时代需求，如领取国家的财政补贴等，以此来推动 3D 打印技术在汽车维修领域中的发展。在实际生产过程中，企业要多采用轻量化材料，简化生产流程，生产轻量化零部件。除此之外，还需要顾及整个生产过程中的平衡关系，例如，在汽车的制造过程中采用增材制造，可以优化最终成品的质量以及内部的结构。采用 3D 打印的方式不仅解决了此行业中生产不够环保的问题，而且也提高了生产效益。在定量化生产中增加投入，可以有效满足消费者日益增长的多样化需求。打印技术的权威专家认为关于金属的 3D 打印技术是高难度、高标准的分支，对于工业制造意义重大。在当今科技发展的过程中，各国工业都在大力研发关于金属方面的增材制造技术，包括一些型号较老的汽车零部件和生产的新部件。

6.3　航空航天领域

3D 打印技术作为第三次工业革命中最具代表性的技术，受到了社会各界的广泛关注。3D 打印技术的相关权威专家认为，关于金属的 3D 打印技术难度和标准都较高，其对于需要金属应用的相关行业具有重要意义。目前，各国的科技发展日新月异，在关于金属的 3D 打印技术方面，各国都花费了大量的精力投入其中，在航空航天方面更是加大财力、物力的投入，确保在技术方面取得领先优势。图 6.3 为 3D 打印技术在航空领域的应用。

图 6.3　3D 打印技术在航空领域的应用

德国工业来到 4.0 时代，美国制造业逐渐回归，在这样的大背景下，国际工业发展的趋势为 3D 打印技术的发展提供了足够的养料。美国刚成立的国家增材制造中心、英国技术战略委员会都十分关注航空航天领域，增材制造技术可以大大发挥其独特的优势。同时，2012 年 10 月，中国科学院原院长、全国人大常务委员会副委员长路甬祥表示，目前 3D 打印技术中，最重要的领域就是航空领域。

SABRE 吸气式火箭发动机是由英国 Reaction Engines 公司在 1989 年研发出的一款发动机。当航天器用上这款发动机之后，其速度达到声速的五倍，这样的速度使得它们不需要将火箭进行脱离也可以突破轨道的限制。因此这项技术对于航天器来说是至关重要的。

在生产这款发动机的时候，3D 金属打印起到了至关重要的作用。因为这款发动机需要一个可以将水和甲醇进行精确混合并可以喷射到空气通路的喷射器系统。这种喷射器形状非常复杂，且要求轻量，使用传统的方式制造是非常困难的，甚至根本无法制出。但通过 3D 打印技术对这款发动机进行制作，就可以轻易地满足喷射器的复杂结构要求，也能够保证其质量很轻。

航空航天制造领域作为工业界技术领域的结合者，其在工业界的地位相当高，其主要的作用在于：保证国家战略计划顺利实施、确保整治形式得以体现，金属 3D 打印技术作为航空航天领域内一项全新的制造技术，其带给该领域的优势也是无与伦比的，极大地增强了该领域的服务效益。

3D 打印技术在航空航天领域的优势主要有以下几点：

（1）缩短航空航天装备的研发周期；

（2）降低制造成本；

（3）优化零件结构，减轻质量的同时减少应力集中，提高耐久性；

（4）成型修复零件；

（5）可以弥补传统制造技术的缺陷，互通互补。

最近，自动纤维放置（AFP）增材制造技术将用于复合材料 Alpha 火箭机身生产。运载火箭、航天器制造企业 Firefly 宣布从 2021 年开始通过 AFP 增材制造技术为复合材料 Alpha 火箭生产大型纤维复合零件，火箭的示意图如图 6.4 所示。

图 6.4　Firefly 公司应用 AFP 增材制造技术生产的火箭

AFP 材料使用的打印耗材是基于自动化生产的纤维复合材料。根据 Firefly 公司，AFP 增材制造技术现在已广泛用于飞机行业。这类设备能够采用增材制造的方式生产大尺寸的复合材料结构，其应用已得到了飞机工业的开发和验证。AFP增材制造工艺将为 Firefly 带来很多益处，包括减少 30%～50%的复合材料浪费，提高可重复性，减少人工和制造时间，以及实现经过定制和优化的结构，并进一步减轻零部件的质量和总体成本。

复合材料具有一定的优势。首先是可以增加有效载荷，保持轻量化。最初的

Alpha 火箭是一种由全复合材料制成、直径 6ft①的火箭，有效载荷能力为 300～500kg。在进行重组后，有效载荷得到提升，满足了中型卫星发射到低地球轨道（LEO）的需求。由于多数火箭制造的准则和资格证明文件是针对金属火箭而制定的，关于复合材料火箭的相关经验很少。要想实现在不增加直径的情况下增加 Alpha 的有效载荷能力并保持整体质量低的目标，复合材料火箭似乎成为更好的选择。复合材料制作的 Firefly 模型见图 6.5。

图 6.5　复合材料制作的 Firefly 模型

　　Alpha 2.0 火箭高度为 29m，火箭上方是新扩大的有效载荷部分，该部分由直径 2m 的碳纤维复合材料有效载荷整流罩组成，覆盖了有效载荷存储区域。在有效载荷整流罩下方，火箭的圆柱体分为两个阶段：第一阶段在有效载荷整流罩正下方，是较小的阶段，其高度为 6m；第二阶段位于火箭底部，为 18m。这两个阶段都包括一个外部复合材料机身与内部的氧气、燃料和氦气罐以及航空电子系统。第一阶段旨在将火箭从地面发射到太空，最终与第二阶段分离，第二阶段将有效载荷运送到低地球轨道中。

　　Firefly 通过减轻重量并优化整体结构来为 Alpha 2.0 火箭设计提供动力，在这个过程中使用了推力更大、效率更高的推进系统建造新的运载火箭。最初的设计是依靠一个压力供给推进系统通过高压推进剂箱将燃料压入燃烧室，后来用电动泵代替了高压储箱，改用了效率更高的涡轮泵式推进系统。这种向低压系统的转变允许对整个火箭结构本身进行重新设计，实现了从"碳纤维包裹式经典压力容器式设计"（其中加压推进剂罐与机身和其他非加压结构完全分开）到储箱和机身集成的单一连续结构。

接下来就是通过自动化扩大生产规模。如果能够证明此火箭系统可以成功飞行，Firefly 公司生产火箭的规模就会扩大。

根据市场研究，在高速发展的连续纤维复合材料 3D 打印技术中，基于 AFP 工艺的 3D 打印设备是其中一个"流派"。连续纤维复合材料的 3D 打印正处于厚积薄发的节点上，而目前金属的 3D 打印多局限在航空航天及医疗这些高附加值产品的应用领域，所以当前的发展趋势使得塑料的 3D 打印将比金属的 3D 打印与应用端的结合面具有更大的潜力。

6.4　电子科技领域

在电子科技领域中，3D 打印技术同样起到了非常重要的作用，如图 6.6 所示。电子科技领域不同于其他领域，它对所用到的器件的要求是非常高的，电子器件不仅要求具备超高的精度，还需要有非常细小的体积，这就给制造电子器件带来了非常大的挑战。

图 6.6　3D 打印在电子科技领域的应用

同时，电子器件在进行批量生产前，都要经过专业的研究人员对其进行精密的测试，还要利用先进的仿真技术对其进行仿真模拟，当二者都达标时，才预示着这款电子器件可以投入使用。3D 打印技术在电子科技领域中扮演的角色就是电子结构设备的"设计师"，它也可以使电子设备的测试过程变得十分简单。此外，电子设备的生产效率也因为 3D 打印技术的出现而变得更高，同时，该技术也可以支持电子元件的打印，这体现在以下几个方面。

首先，在打印效果上更精密，在制备过程中，因为其打印技术精确到每一层，所以大大提高了其打印精度，从而提高了电子元件的精密程度。

其次，新时代智能化优势也在 3D 打印技术中得以体现，大大提高了电子信息领域、电子元件方面的制作效率，也可以为未来电子信息领域生产与运作智能化提供重要的发展源。

再次，在电器方面，电器产品的更换频率与手机、计算机相比是非常缓慢的，但是电器产品也会因为器件损坏等问题而不能正常工作。因此 3D 打印技术在此方面就可以为电器的某些零部件进行相匹配的制作，并且还可以根据使用者的审美来定制一些配件。同时，3D 打印技术也可以通过制作一些电器必备的零部件来延长电器的使用寿命。

最后，在 U 盘制作方面，3D 打印技术也有着很重要的作用。英国先进制造研究中心（AMRC）的设计与原型团队开发了一种可以在 3D 打印进行的过程中嵌入电子元器件的方法，这种先进的技术使 3D 打印制作电子产品成为可能。该团队使用这种技术对用 3D 打印制作的 U 盘进行检验，使用的打印技术是立体光固化成型（SLA）打印技术。最终得出结论，3D 打印技术可以在打印过程中嵌入微小的电子器件，并在此基础上直接进行包裹而形成电子器件。

美国伊利诺伊大学厄巴纳-尚佩恩分校的博士生孙奇在 3D 打印技术的基础上进行了微电池的制造。使用 3D 打印技术打印出来的微电池虽然只有沙子颗粒般大小，但其储电性能却能媲美蓄电池。因为正负极之间的距离足够短，所以微电池具有快速充放电的能力，其功率密度和能量密度在微电池领域也位居前列。

计算机在生活中无处不在，计算机也离不开芯片。芯片对于计算机的重要程度相当于心脏、躯干对于人的重要程度，可以说 CPU 就是计算机的心脏，主板上的芯片组是躯干。芯片组可以决定这块主板的功能，故整个计算机系统性能的发挥都受其影响，可以说芯片组是主板的灵魂。最近，3D 打印最小龙勃透镜诞生了，它可以提高计算机芯片数据路由能力。微型龙勃透镜是通过亚微米级增材制造技术——多光子直接激光写入（direct laser writing，DLW）制成，而且该透镜的性能比较好，具有高度专业化的聚光能力。研究人员表示，这种 3D 打印微透镜有望显著提高计算机芯片和其他光学系统的数据路由能力，从而改善成像、计算和通信。

DLW 是一种新兴的亚微米级增材制造技术，用于制造微型 3D 光子器件。在DLW 中，飞秒脉冲激光通过多光子聚合过程在光刻胶中形成亚微米体素分辨率的光学组件。DLW 现已用于形成透镜、反射镜、波导、光子晶体、相位掩模以及其他相关的光学元件，并用于光束整形、成像和光子集成。

由于仪器和光致抗蚀剂化学的发展，现在可以广泛使用 DLW，但 DLW 制造的微型光学器件仍然受光致抗蚀剂单一折射率的限制。此外，DLW 工艺无法制造独立式元件，从而限制了复合透镜和复杂的波导光子网络的形成。

此外，3D 打印技术在电子科技类的很多领域都有着广泛的应用，大部分是将 3D 打印技术与电子科技行业的制造领域相结合。由此可见，3D 打印技术在制造业中的地位是不可取代的。

6.5　生物医疗领域

随着医疗个性化的需求越来越大，3D 打印技术与医学"不期而遇"。3D 打印具有精确化、个性化、时效性强等特点，所以 3D 打印技术可运用在医疗领域的诸多方面：

（1）医疗器械；

（2）医学教学模型；

（3）3D 生物打印；

（4）药物研发。

本节将对有关 3D 打印应用于医学中的经典案例进行详细的介绍。

首先是 3D 打印在医疗器械当中的应用，由前文可知，3D 打印的发展历程，是从传统的模型打印，以及打印所使用到的耗材开始，仅限于一些光敏树脂或一些普通的聚合物等，发展到可以使用 3D 打印机打印一些金属材料、食品，以及人体的各种组织和器官。所以从 3D 打印的发展史可以看出，3D 打印技术在医学领域的应用也是由浅入深的，首先在医疗器械领域中使用 3D 打印技术的就是一些普通的医疗器械的打印，随后发展成为医用模型的打印。

健康问题是人类目前所面临的几个重大问题之一，医疗就变得十分重要了。尤其是对医疗器械标准要求十分严格，首先是质量一定得有保证；其次是医疗器械的尺寸要求十分精密；再次是许多医疗器械在使用过程中因为卫生安全问题会要求一次性使用，这就需要大量制作；最后是每个患者的身体特征不同，所以使用医疗器械时也会要求使用的器械具有一定的个性化。因此，一些医疗器械需要进行量身定做。3D 打印技术正好可以满足以上对医疗器械的要求，于是 3D 打印受到了医疗器械制造领域的广泛关注。其中，个性化手术工具则是 3D 打印在医疗器械领域得以应用的最典型代表。

以下是 3D 打印在医疗器械制作领域中的实例。

首先，医疗器械使用 3D 打印技术较为常见的就是打印手术导板。手术导板的首次使用时间并不遥远，这项工具最早是在整形、正颌、剔瘤等手术中使用的，尤其是在进行面部手术的时候。在早期面部手术的过程中，医生都会在脸部进行切割，但随着技术的发展，越来越多的面部手术会选择在患者的口腔内部进行，为的就是不让手术留下的疤痕留在面部。可是如果从口腔内部进行手术，就会导致手术的视野变得狭窄，从而会出现许多盲区，这时候手术导板就起到了非常重要的作用，它可以辅助医生在进行手术时不出差错，使手术更精准。因为不同患者身体特征的差别很大，所以对手术导板的要求也非常高，一定要严格要求手术导板的结构符合患者的身体构造，不然就会增大手术产生误差的风险。由此可见，3D 打印在医疗器械领域有很大的用途。3D 打印在医疗器械领域的应用如图 6.7 所示。

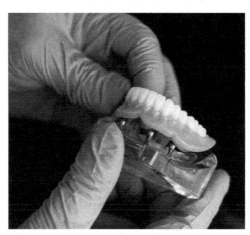

图 6.7　3D 打印在医疗器械领域的应用

其次，3D 打印在医疗领域除了可以用于医疗器械的制造之外，还可以用来制作个性化的 3D 模型，并用此 3D 模型进行教学使用，或者模拟、指导手术过程。

医学模型在医疗领域用途十分广泛，某些经验丰富的医生向一些经验不足的医生传授经验时可以使用医学模型进行指导；除此以外，医生在进行手术之前都会使用医学模型进行模拟演练，这样在正式手术之前进行一遍预演可以增大手术的成功率。而医学模型同上文中提到的手术导板的要求类似，最重要的就是医学模型要求个性化。通常是通过 X 射线等影像学检查获得的 2D 数据，随后将 2D 数据传输至 3D 打印机中，从而获取准确的人体结构信息，进而制作出与实物相差无几的医学模型。在美国已经有通过 3D 打印制作医学模型并且成功进行手术的先例：在美国的一家医院，出生了一对双胞胎，但双胞胎是连体婴儿，需要通过手术进行分离。首先利用 X 射线等影像技术对连体婴儿进行扫描，再将数据录入 3D 打印机中，制作出连体婴儿的 3D 模型，医生在进行手术之前先使用 3D 模型进行手术的实验，据此进行了缜密的手术方案研究，随后再进行正式的手术。整个正式手术完成得非常成功，用了将近 22 h，而在此之前，相同的手术需要近 80 h 才能顺利完成，从这点可以看出 3D 打印技术在医疗领域的超前优势。3D 打印在医疗手术的应用见图 6.8。

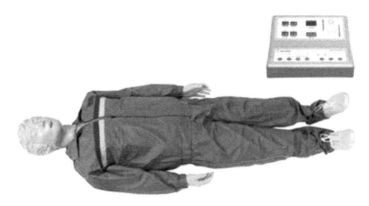

图 6.8　3D 打印在医疗手术的应用

再次，3D 打印在生物医学领域也有着非常广泛的作用，伴随着医疗水平的不断发展，有许多过去无法想象的先进医疗技术时至今日已经成为常态化，如器官移植、骨骼植入包括心脏搭桥等各种先进的医疗技术。而 3D 打印在这些先进的医疗技术的发展过程中都起到了重要的作用，如 3D 打印组织器官、3D 打印血管、3D 打印植入物等。

最后是 3D 打印在药物研发中的应用，疾病的种类是有限的，但患者与患者之间体质的差异导致其药物的用法用量都有所不同，但药物的生产包装是一定的，所以就很难把控患者药物的摄入量。3D 打印技术为这种问题提供了好的解决思路，可以根据患者的实际情况制定适合患者用量的药片剂量，将药物进行个性化的发展，有利于患者病情的恢复和健康的保证。

目前来看，3D 打印技术在生物医药领域的发展前景可谓一片光明，但是在研究过程中也发现了 3D 打印技术中存在的一些问题，如器官移植不稳定、无法进行细胞培养等。美国 Drexel 大学教授 Jack Zhou 表示：“现在一些企业宣称生物细胞可以 3D 打印，实际上打出来的大多数是死细胞，而最大的问题是怎样保证细胞成活，这需要营养液、生长素，而且打印出来以后不受任何创伤等，这些都是很难的。因此，细胞打印要成功的话，保守地说要 10～15 年，甚至得 20～30 年，才真正能够使用。”3D 打印药物的模型见图 6.9。

3D 打印在生物打印领域还需要很长一段时间的沉淀，要想真正做到打印人体器官并成功将其植入人体当中，并且人体细胞不会发生排外反应，还需要科学家进行深入研究。

虽然 3D 打印在生物打印方面还不成熟，但是其在许多医疗行业已经有杰出的贡献。

近日，北京大学第三医院肿瘤放疗科副主任医师庄洪卿等发表了一篇名为“Assessment of Spinal Tumor Treatment Using Implanted 3D-Printed Vertebral Bodies with Robotic Stereotactic Radiotherapy"的文章，介绍了 3D 打印在治疗脊柱肿瘤方面的应用。

图 6.9　3D 打印药物的模型

脊柱作为人体最重要的器官之一，对人的活动和行为起着非常重要的作用。因为脊柱是人体主要承重骨之一，在人的日常生活中，包括弯腰、走路、侧身、扭头等，脊柱都起到了必不可少的作用。由此可见，一旦人体的脊柱发生病变，会使得脊柱的承重能力大大降低，进而发生连锁反应引起骨折。另外，脊柱内包含脊髓，脊髓作为人体中枢神经的一部分，承担躯干、四肢的运动和感觉等重要功能。因此脊柱的病变造成的风险远远高于其余部位。由上文得知，脊柱作为人体的重要器官，其治疗的难度要远远高于其他器官。所以，脊柱的治疗成为医疗学中的难点。

在众多影响脊柱健康的病因中，最棘手的就是脊柱肿瘤。脊柱肿瘤是肿瘤常见好发部位，特别是转移瘤，肿瘤患者在整个患病过程中有 40%～50%的病例会发生脊柱转移，脊柱肿瘤治疗面对广大的肿瘤患者人群，具有大范围的临床治疗需求。

脊柱肿瘤作为脊柱类疾病中治疗难度最大的一种，目前医疗领域中常用到的治疗方法是椎体切除加术后放疗。然而，因为传统椎体植入物不能完美符合脊柱的力学要求且组织相容性不够，脊柱肿瘤术后患者脊柱稳定问题多发，对于多节椎体病灶更是无能为力。同时，因为脊柱病灶的放疗辐射可能危及周围众多器官，传统放疗治疗精度差，剂量难以提升，使传统放疗对脊柱病灶的杀灭存在致命缺陷。

因为脊柱是人体器官中非常重要的部分，如果医生在进行手术的时候稍有不慎，就会造成非常严重的后果，进而带来十分不好的影响。为了避免这些问题的出现，先利用医学上的先进手段进行 CT 扫描，得到 CT 扫描的数据后，传给相关的 3D 打印植入物制造企业，工程人员再将数据通过软件分析重建成为 3D 立体图形。利用这种方法可以进行精确的分析，识别患者骨骼内的病变部位，提取此骨骼信息以及病变信息，结合医生采取的手术方式，在此基础上进行相关的假体设计。在假体设计完毕并确认无误后，将假体的相关数据传输到计算机中，在打印机的锻造箱中注入铝合金粉，通过超高压形成的电极丝，并使用 EBM 3D 打印技术进行打印，之所以采用 3D 打印技术进行打印就是为了制得适合不同病例的内植物，因为每个患者的身体结构和状况并不完全相同，所以十分有必要进行针对性的治疗。这样的制作是个性化的，可以适合于不同的患者。接着就可以进行对病变椎节切除，以达到切除病变、减压及畸形矫正的目的。当这一步骤完成之后，就可以进行最关键的一步，将人工椎体植入，在确定人工椎体植入位置满意后，加用椎弓根螺钉固定。当手术顺利完成并且伤口成功愈合后进行放疗机器人治疗，治疗中采用实时脊柱追踪系统和六维床系统完美控制了患者体位和病灶位置。同时，机器人可以从多达 3000 多个角度入射，完美规避了脊髓等，达到精确放疗的效果。

　　3D 打印在脊柱肿瘤中的成功应用是脊柱肿瘤治疗问题的重大突破，同时也是 3D 打印在医学当中重要应用的成功案例，给予 3D 打印的研究人员很多启示，同时也给除 3D 打印以外的科研人员更多的思路，利用 3D 打印可以解决包括医学问题在内的许多科学问题。3D 打印在脊柱肿瘤中的应用如图 6.10 所示。

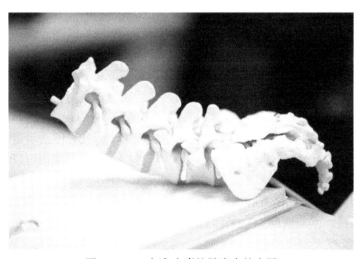

图 6.10　3D 打印在脊柱肿瘤中的应用

　　颈部 7 节脊椎的脊髓损伤都各有临床症状，比较严重的有：颈部 5 节以上的脊髓受到损伤，从而导致脊髓平面以下的各种功能丧失，由此引发肺炎、心跳停止等症状。

　　颈椎脊髓损伤会导致高位截瘫，欧美国家针对这种病情的方案是在发病初期进行治疗，但只是简单地恢复椎管口径以防神经再度受损导致病情加重，并未修复受损的神经。如果想恢复受损的神经，则需要另外的方案，一旦耽误的时间过长，受损神经继发缺血变性，则该病就会很难恢复，且会变症丛生发生痉挛性截瘫（抽筋、僵硬、束缚、抖动、肌肉发紧），严重的伴发肌萎缩而导致残疾。

利用 3D 打印技术打印可动人工颈椎，手术后让患者颈部可以活动自如。此前，西安国际医学中心医院骨科医院脊柱外科贺西京教授团队研发的"3D 打印技术重建脊柱脊髓功能的临床应用与相关研究"受到广泛关注。近日，根据报道，贺西京团队为一位患脊髓型颈椎病，同时伴有不完全瘫痪的 63 岁患者实施了颈部 4 节椎体椎间盘切除，同时植入 3D 打印 Ti_6Al_4V 合金可动人工颈椎即椎间盘复合体植入手术，最终获得成功，经科技查新为世界首例。此手术是世界范围内最先采用 3D 打印可动人工颈椎的手术，也为椎间盘复合体植入术疗法提供了一种全新的方法。这种方法需要手术医生具有极高的技巧与临床经验，属于脊椎外科超高水平的精准手术。

生物医药领域是目前 3D 打印技术扩张最为迅猛的行业。3D 打印技术能够为医疗生物行业提供更完整的解决方案；生物 3D 打印技术将促进再生医学领域在人造活体组织与器官方面的研究。比较典型的应用有 3D 手术预规划模型、手术导板、3D 打印植入物，以及假肢、助听器等康复医疗器械。在再生医学领域，研究人员在利用生物 3D 打印技术培养人造器官方面已经取得了很大的进展。本书主要观察了医用 3D 打印技术在如下 7 个领域的最新进展。

1. 手术预规划模型

对于风险高、难度大的手术，术前规划十分重要。传统上，通过电子计算机断层扫描（CT）、核磁共振（MRI）等影像设备获取患者的数据，是进行手术预规划的基础，但得到的医学影像是 2D 的，之后还需要利用软件将 2D 数据转成 3D 数据。3D 打印机可以将该 3D 数据直接打印出来，可以说 3D 打印技术既帮助医生进行了精准的手术规划，从而提高手术的成功率，又方便医生更直观地就手术方案与患者进行沟通。此外，即使在治疗失败之后，3D 打印也可以为医患双方提供可溯源的依据。

2017 年 3 月，湖南省肿瘤医院已经可以通过头戴输入患者 3D 影像信息的 HoloLens 眼镜，术前借助 3D 血管数据个性化精确设计切取面积为 22 cm × 14 cm 的股内侧穿支皮瓣游离移植一期重建乳房，手术历时 6h 就得以安全顺利完成。

波兰克拉科夫一医学团队通过展示肝脏内部肿瘤、内循环系统，对外科医生或将面临的种种问题予以参考。研究者以一名 52 岁的女患者的肝脏为样本，先获得其肝脏 CT 扫描，再使用 PLA 彩色材料的标准 3D 打印机，进行 6 个部件的打印。随后搭建起"肝薄壁组织的支架"（liver parenchyma scaffold）再填充硅胶材料。完成后的模型即能清晰可见肝脏，包括形状、质量等信息，还有肿瘤及内部些许血管，总共花费约 160h，模型成本低于 150 美元。相比于 2015 年日本筑波大学科研团队的研究，此 3D 肝脏模型将成本降低至可接受的水平，让大部分病患能承担得起，定制化的治疗方案对手术成功率提升也有所助益。

南方医科大学附属第三医院（广东省骨科医院）骨肿瘤科团队成功为一名脊索瘤患者切除了脊椎，并植入 3D 打印人工椎体，这是广东完成的首例 3D 打印换脊骨手术。个性化的 3D 打印人工脊柱更有利于保护神经，并利于术后骨愈合。

2. 手术导板

手术导板（图 6.11）是将手术预规划方案准确地在手术中实施的辅助手术工具，其应用领域比较广泛，如关节导板、脊柱导板和口腔种植体导板等。

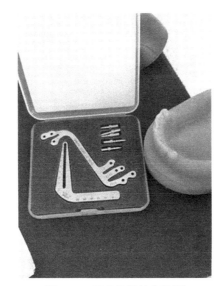

图 6.11　手术导板的实物图

这意味着患有先天性骨疾病或骨骼受伤的儿童能得到更好的治疗。该 3D 打印导板可根据对患者骨骼的扫描数据生成，让医生获得最真实的信息，从而更好地规划手术。另外，其制造成本也不高，即便普通患者也负担得起。

3. 植入物

之前医学上是通过铸造或传统的金属加工方法来制造一些植入物，先制造出模具是不可避免的，但是对于只需要一件或者少量的植入物来说，模具的制作会显得成本十分昂贵，而且生物相容性的植入物材料本身价格高昂，使得植入物的总制造成本很高。对于一些特殊植入物来说，由于其结构复杂，故使用传统技术也难以制得。而 3D 打印技术用于制造骨科植入物具有以下两个优势：①有效降低定制化、小批量植入物的制造成本；②制造出更多结构复杂的植入物。近年医疗行业越来越多地采用金属 3D 打印技术（直接金属激光烧结或电子束熔融）设计和制造医疗植入物。在医生与工程师的合作下，更多先进合格的植入物和假体也会因为 3D 打印技术的使用而面世。与此同时，3D 打印技术也可以保证定制化植入物的交货速度，最快可在 24h 之内就完成从设计到制造。工程师通过医院提供的 X 射线、MRI、CT 等医学影像文件，建立 3D 模型，再设计植入物，最终将设计文件通过金属 3D 打印设备制造出来。图 6.12 是 3D 打印技术制造的假肢，图 6.13 是 3D 打印制造的钛聚合物胸骨。

图 6.12　3D 打印技术制造的假肢

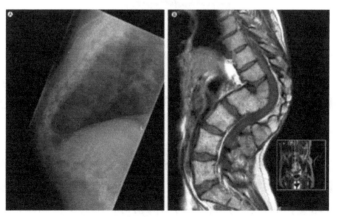

图 6.13　3D 打印制造的钛聚合物胸骨

　　澳大利亚联邦科学与工业研究组织（CSIRO）、墨尔本医疗植入物公司 Anatomics 和一队英国医生联手，为一名 61 岁的英国患者 Edward Evans 实施了 3D 打印钛-聚合物胸骨植入手术，这也是全球首创。之前这种植入物一般都会用纯钛制造，新型胸骨植入物比之前的纯钛植入物能够更好地帮助重建人体内的"坚硬与柔软组织"。Evans 术后仅 12 天就能出院，并且目前恢复十分迅速。图 6.14

是 3D 打印钛椎骨实物图。

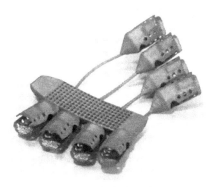

图 6.14　3D 打印胸骨实物图

印度 Medanta The Medicity 医院成功让一名患有脊柱结核的 32 岁妇女再次行走，这也是印度首次进行此类手术。女患者的第一节、第二节、第三节颈椎严重损伤，这意味着在她的颅骨与下颈椎之间没有任何骨骼支撑。借助先进的金属 3D 打印技术，医生们 3D 打印了一个钛椎骨，并用它替代了患者脊柱中的受损部分，从而有效填补了第一节颈椎和第四节颈椎之间的空白。手术一共进行了 10 h，这也是世界上第三例此类手术。

4. 康复医疗器械

Phonak 与德国 3D 打印公司 EnvironTEC 合作开发出定制式钛金属助听器 VirtoB-Titanium。他们利用 3D 打印技术制作出主要部分和外壳，外壳材料使用更轻且强度更高的钛代替传统使用的丙烯酸材料，由于钛的优良性能，外壳厚度在不降低安全性的前提下缩减了 0.2 mm（50%）。3D 打印技术不仅可以使助听器更适合耳道形态，还可以大大缩短其制作时间（据了解，1 h 可制作 65 个外壳或 45 个耳模），这种技术对人员的技术水平要求很低。定制式钛金属助听器如图 6.15 所示。

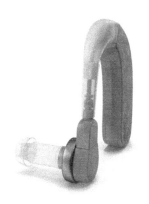

图 6.15　定制式钛金属助听器

5. 3D 打印在口腔科的应用

目前，牙科诊所和实验室将牙齿修复和治疗的成本视为重点，已经有许多诊所以及实验室为降低成本和提高效率，将数字化口腔技术加以应用。现已有许多相关单位引入 3D 打印技术，这也进一步加快了该技术在牙齿修复方面的普及。3D 打印技术与数字化口腔技术结合后，口腔数据逐渐变得精度更高、成本更低、效率更高、更加符合生产链的规范化。3D 打印技术已经应用在口腔科的许多方面，例如，扫描口腔（大约需要 2min）或扫描物理模型得到的 3D 数据可直接在 3D 打印机中制作牙模。制作出的模型可以作为模具并辅助生产其他材料。另外，借鉴了骨科、肿瘤手术的 3D 模型，可以用于模拟规划手术过程，或者向患者介绍手术流程。

用 3D 打印制作的义齿已经可以投入使用，美国食品药品监督管理局（FDA）已经认证了 EnvisionTEC 公司的一种打印材料，这种材料可用来制作使用时间长达 5 年的临时牙冠。许多专业人士对 3D 打印技术在口腔科中的应用持乐观态度。此外，由 3D 打印技术制作的牙齿矫正器也在逐步普及，相比传统的矫正器，这种 3D 打印透明矫正器更加美观，且尺寸更加合适。ClearCorrect 公司已经使用 Stratasys 公司的设备和矫正器产品。国内的时代天使医疗器械科技有限公司也在生产类似的隐形矫正器。由金属材料制作的牙冠固定桥等修复体也可使用 3D 打印技术。结合 CAD/CAM 设计和 3D 打印技术，可以更加精准和快速地生产一系列的牙科产品。牙科行业主要应用的 3D 打印技术有 SLA、SLM、Polyjet、DMLS。SLA 主要用于牙科手术导板、临时牙冠和牙桥制造，以及失蜡铸造的树脂模型。金合金、钛合金、钴铬合金和不锈钢材料主要应用于牙冠固定桥等修复体，这类修复体的制作难度较高，对精度要求很高。SLM 技术在制作精密金属制品方面有其独特的优势，故在口腔修复体制作中得以应用。Polyjet 技术在制作牙模、手术导板、贴面模型、牙齿矫正器、递送和定位托盘以及各类模型的相关实验室和业务设计方面有许多应用案例。DMLS 技术的工艺原理出自 SLM，科学家们已采用此技术直接制造功能梯度钛材料的多孔牙科植入体。数字化技术可以使医生不必在无意义的模型制作中浪费时间，将时间和精力更多投入到患者的治疗与手术中。治疗中所需的模具则可以将口腔数据交给牙科技师从而制作出来。

6. 生物 3D 打印

之前提到使用金属、塑料等非活体组织材料 3D 打印的定制化假肢、牙科、骨科植入物、助听器外壳等医疗器械都属于"初级阶梯"，而打印血管、软骨组织这类单一的活体组织属于"中级阶梯"，3D 打印的人工肝脏、心脏等人工器官则属于"顶级阶梯"。

无论打印"顶级阶梯"中的什么组织，核心都是特定类型细胞的分离（或定向诱导）及大规模扩增。生物 3D 打印技术在应用中更多地起了结构构建的作用。

故生物技术的发展决定了人造器官、组织的应用与发展。

　　之前，有报道称 3D 打印的甲状腺被 3D Bioprinting Solution 集团植入老鼠体内。2016 年年底中国科学家已成功将 3D 打印血管植入恒河猴体内（图 6.16），这标志着 3D 打印在打印血管及其他器官用于人类移植方面迈出了重要的一步。一个月后，由 3D 打印机制作的 2 cm 血管在 30 只恒河猴胸腔中与原生血管已变得"不可区分"。

图 6.16　3D 打印血管植入恒河猴体内

　　该定制的支气管是 CHU 医院与图卢兹的专业定制化 3D 打印植入物公司 Anatomik Modeling 联合制作的。首先对患者的支气管进行 3D 扫描，然后基于所得数据 3D 打印出等比例模型，最后以此模型为模具进行硅胶铸造。3D 打印的模具精确再现了患者的原始支气管形状，使器官移植达到最佳效果。3D 打印成型技术打印的复杂形状和孔类结构分别见图 6.17 和图 6.18。

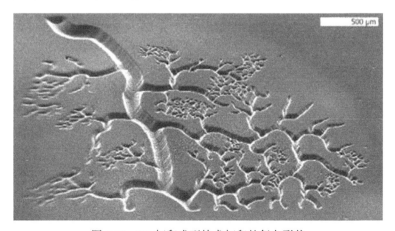

图 6.17　3D 打印成型技术打印的复杂形状

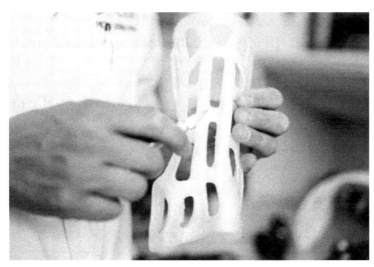

图 6.18　3D 打印成型技术打印的孔类结构

7. 3D 打印与制药

通过 3D 打印成型技术制备药物缓释装置，与传统压片方法相比具有独特的优势。3D 打印可以实现多种材料精确成型和局部微细控制，得到具有复杂内部结构的装置；释药特征与所设想的复杂释药行为一致。通过 3D 打印成型技术，将粉末材料黏结成型，可以方便地实现医学应用中常需要的具有复杂型腔的多孔结构，对于药物释放有着重要意义。

通过调整打印液流速、喷头移动速度、打印液液滴直径、粉末铺层厚度、喷涂次数、喷涂角度、喷涂位置等工艺参数，可以改变药剂中各组分的含量与组成，进而改变其释放量和释放速率。通过 CAD 技术，可以定制患者独特的治疗方案。

3D 打印原型探测器中包含一个采用了机器学习技术来不断进行自我调整的传感器。一种新的、更有效的微小物质检测方法由此诞生，该方法可检测癌症生物标志物、病毒、蛋白质等。这可以改善严重感染和疾病的诊断和治疗。读取器包括四种不同颜色的 LED、一个相机和一个 3D 打印塑料外壳。由于采用了 3D 打印技术，虽然原型的造价很便宜，但耐用度却很高，而且可根据不同的情况进行定制化设计。

加利福尼亚大学洛杉矶分校（UCLA）开发出了一种全新的生物墨水，这种墨水能够通过 3D 打印技术喷射被制成药物，主要成分是透明质酸（一种天然生物分子，广泛存在于皮肤、结缔组织、神经系统中），其 3D 打印过程则大致如下：①与光引发剂混合，从而在受到光线照射时固化。②与盐酸罗匹尼罗（用于治疗帕金森病）混合，组成药物原材料。这里说明一下，之所以会选盐酸罗匹尼罗作为活性药物成分（API），主要是因为它具有良好的亲水性，很容易溶解。这不但有利于人体吸收，而且有利于测算药物溶解速率。③将上述混合物通过压电喷嘴沉积成型。UCLA 团队对其在模拟胃部酸性环境中的溶解速率进行了测量。结果显示其溶解率在 15 min 内就超过了 60%，到 30 min 时更是超过了 80%。但是，这种药物也有不足之处，就是在 1 h 的溶解后，会失去一小部分（约 4%）。

6.6　教育教学领域

随着科学技术的不断进步，人类社会的各个行业都发生了巨大改变。上一节所介绍的是科学技术中的 3D 打印在衣食住行中带给人们的变化；同样，教育在人类社会中也是不可或缺的领域之一，接下来介绍 3D 打印在教育领域带给人类社会的变化。

在上学的过程中，人们或多或少会遇到类似这样的问题，就是老师在讲到一个知识点的时候，我们并不能够通俗易懂地理解，还需要更加直观的方式对这个知识点进行详细的讲解，才能够帮助我们更好地理解这个概念。随着技术的不断创新发展，这一情况有了很大的好转。首先是投影的出现，当某些知识点不能简单地使用文字和图画进行直观描述时，就会用到更加直观明了的投影技术，它可以将某些实物进行投影展示，方便学生完整详细地看到实物的样貌。随着多媒体技术的不断发展，将计算机、互联网与投影相结合，将教师制作的 PPT 利用投影的方式呈现在同学的眼前，可以进行网络图片和视频的播放，更好地将知识点呈现在学生的脑海中，方便学生快速直观地掌握知识点。

从前文中可以看到，科技发展为教育行业带来了各种各样的变化。随着 3D 打印技术的出现，教育教学领域的发展又迈上了新的台阶，因为 3D 打印是一项高精度的技术，并且比传统的手工工艺速度更快、更精确，最重要的一点是 3D 打印能够进行 DIY 模型的制作，因为在教学过程中，模型的形状是各式各样的，具有诸多不确定性，3D 打印可以实现随用随制作的便利条件，更好地实现教学的直观、便利。

3D 打印在教育中的作用如下。

首先是学生方面：

（1）3D 打印可以实现学生的想象，将其变成实物，更容易发散学生的思维与创新意识；

（2）锻炼学生的空间想象能力；

（3）用 3D 打印的作品创建新的学习模式；

（4）选择生活中的课题，锻炼学生发现和自主解决问题的能力。

其次是教师方面：

（1）利用 3D 打印机制作的教学用具，可以增强学习者的触觉体验，弥补常态课堂教学方式的劣势；

（2）把隐性知识与认知结构进行显性化处理，将抽象的学习资料转变为具体化，具体化向形象化转变，视觉复杂化转变为认知简单化。图 6.19 为使用 3D 打印技术制作出来的教学模型。

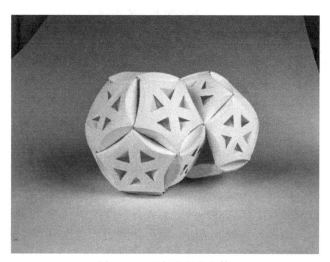

图 6.19　3D 打印教学实体

3D 打印在教育领域应用时虽有瓶颈，但发展势头锐不可当。最新的研究表明，2011 年 3D 打印这一行业在全球的总收入约为 17.14 亿美元，2015 年上涨到 51.65 亿美元，从 2011 年到 2015 年 3D 打印行业的收入保持了 30% 的复合增速。2016 年，3D 打印行业依然保持了快速发展的态势。一份来自前瞻产业研究院发布的报告显示，到 2020 年，全球 3D 打印市场规模已达到 354 亿美元。

3D 打印教育作为一种优质教育资源和崭新的教育信息化形式，将开创一种全新的教学模式，是未来教育的发展趋势，相关应用见图 6.20～图 6.22。

图 6.20　3D 打印技术在教育领域的应用

图 6.21　3D 打印技术制作的教学模型

图 6.22　利用 3D 打印技术进行教学

教育的本质就是将难以理解的理论知识转化为通俗易懂的概念，方便学生理解，详细来说就是将抽象进行具体化，将具体进行形象化，这样才能达到更好的教学目的。相信在不久的将来，3D 打印一定会成为教育教学当中不可缺少的工具之一。

6.7　军事装备领域

由于 3D 打印技术还在发展阶段，技术的成熟度与传统制造手法相比还是有些差距，并且打印机和耗材的成本与传统材料相比来说还是较高，因此短时间内取代传统的生产线还是有些难度的。但是 3D 打印技术在制造器件方面与传统的制造行业不同，3D 打印技术可以直接将模型输入打印机中进行直接制造，而不需要任何模具。因此在军事装备领域，已经有许多地方开始应用 3D 打印技术来对一些设备进行制造了。在军事装备领域应用 3D 打印技术是因为军事装备对零部件的精度要求非常高，并且有许多器件非常微小，因此制造起来十分困难。表 6.1 中反映的内容是中国、美国、俄罗斯三国在飞机制造领域的研发耗时，由此可以发现 3D 打印技术对于军事装备领域的重要性。

表 6.1　各国飞机研发耗时

类别	机型	研发耗时
美国战机	F-15	7 年
	F-22	14 年
俄罗斯战机	苏-27	8 年
	苏-30	6 年
中国战机	歼-10	12 年
	歼-15	3 年（使用 3D 打印机）

从表 6.1 中的内容可以得知 3D 打印技术在制作方面比传统制造技术的效率要高很多。因为传统的制造工艺在设计完成之后首先要制作模具，在制作模具的过程中会因为制造误差的原因造成制造出来的模型与设计师设计的模型之间并非一致。而 3D 打印技术则可以直接将模型的设计与制造完美地对接，并且省去了制造模具的过程，所以会提高模型的制作速度，进而缩短了飞机的研发时间。

在优化军事装备零部件的时候，3D 打印技术还可以通过改善零部件的结构，使零部件的使用寿命延长并且质量也得到减轻。美国 F16 战斗机上使用了通过 3D 打印技术制造的起落架，使得平均寿命延长为原来的 2.5 倍。F-22 使用的是钛合金锻件，经专家测算，如果钛合金锻件使用中国的 3D 打印技术来进行制造，可以减重将近 40%。

表 6.2 为 3D 打印技术在军事零件中的应用。

表 6.2　3D 打印技术在军事零件中的应用

机型	3D 打印部件	说明
F-16	起落架	平均寿命是原来的 2.5 倍
F-22	TC4 接头	达到 2 倍使用寿命
F/A-18	翼根吊架	结构强度达到设计要求的 225%，疲劳寿命达到设计要求的 400%
某大型运输机	钛合金航空发动机机匣铸造	整体质量减少了 20%，缺陷减少了 90%，制造效率比传统工艺提高 6 倍以上

　　由上文可知，军事装备领域应用 3D 打印技术也非常多，通过使用 3D 打印技术，可以更好地将军事装备的寿命延长，并且使质量减轻，有助于增强军队的战斗力。

　　3D 打印技术在军事领域的各个行业都有着非常重要的地位和作用，接下来一一列举 3D 打印技术在这些领域的应用。

1. 海军装备

　　在美国海军的水面作战中心，使用了光固化技术的 3D 打印技术制作出仁慈号医疗船船体模型，并且对该模型进行了环风洞测试，通过这种测试可以检测出气流场对于上层结构的影响，以此可以判断出这种结构是否适合飞机起降。通过新型的光固化 3D 打印技术，可以将制作船体模型的时间从 50 天降至 25 天，不仅降低了制作成本和时间成本，同时还提高了尺寸精度。2017 年 9 月，美国的第七海军陆战队已部署首批 25 架 3D 打印的小型四旋翼无人机——Nibbler，且已经有 48 名美国大兵接受了关于编程、3D 打印机的使用、无人机装配等技能的培训。Nibbler 是美国海军陆战队的小型四旋翼无人机，是一架拥有自主知识产权的飞机，拥有 20～25 min 的续航能力，可以携带一些有效载荷如摄像机，也可以根据需求携带一些必备组件，制作一架 3D 打印技术的无人机的成本是 2000 美元。图 6.23 所示为使用 3D 打印技术制作的微型坦克。

图 6.23　利用 3D 打印技术制作的微型坦克

2. 轻武器装备

世界上第一把 3D 打印的金属手枪是美国的一家名为 Solid Concepts 的公司制

作的，且测试效果良好，该手枪由 30 多个零部件组成，虽然在射程方面，比传统工艺制作出来的手枪射程稍低，但是精度同常规手枪相同。其他种类的手枪，如 3D 打印技术已经可以制作 AR-15 半自动步枪的弹夹及其他零部件。该手枪可以连续射击 600 余次，综合性能也非常好。就现状而言，材料是阻碍 3D 打印技术发展的重点原因，3D 打印在轻武器的设计制造和维修中的问题将随着金属粉末问题的解决迎刃而解。

3. 野战抢修

战争过程中，难免会遇到各种突发事件，一旦某些重要设施被摧毁，就需要对其进行及时抢修，因此需要迅速地进行抢修工作，也需要严格的评估工程质量。在这项工作中加入 3D 打印技术，会使得展示维修保障效率得到大幅度提高。在一次实战演习中，第四十集团军某工程团道桥连，在刚刚展开的急造军路演练中遇到了意外情况，由于石子卷入风扇，把水箱打穿，紧急关头，修理连官兵带着一台 3D 打印机赶到现场，根据数据制作 3D 模型，3D 打印机很快就打印出一个方形的塞子，然后经过稍加打磨，就塞住了漏水的水箱，使挖掘机重新投入了工作。据了解，此次实战演习，3D 打印先后 6 次派上用场，极大地提高了野战抢修效率。

4. 伪装防护设备制作

在真实的战场上，军人们都会使用各式各样的可隐藏式的服装和装备，这样既可以很好地隐藏自己，又可以有效地打击敌人，并很好地保护自己。但作战的地形是多种多样的，士兵们不能确定自己会在什么样的环境下进行作战，如果将所有的伪装防护设备都带上战场，这无疑会加重士兵们的负担。因此，实战中所需要的伪装防护设备制作引入 3D 打印技术后可灵活变通，根据实际条件进行调整，从而使作战人员发挥最大的作战效能。

5. 后勤保障

信息化战争是未来战争的主要模式，战场的保障方式将会使 3D 打印技术的应用发生巨大的改变。后勤供给是现在后勤保障的主要形式，DIY 将会是未来的主要形式，所谓的"DIY"就是在战场上士兵可通过 3D 打印技术根据战场需求实时抢修配件、物资、食品和药品等。

6. 医疗部件及救助用具制作

战场上的救援异常重要，3D 打印技术可以根据伤员的具体情况制作出独特的器官和医疗用具。3D 打印技术有着与传统机械加工不一样的制作理念，其可以直接制作出独特的零件，缩短了制作周期，降低了制作难度，提高了生产效率。正是因为 3D 打印的独特优势和世界各国的大力支持，该技术在军事领域的应用逐步普及。未来，随着 3D 打印技术的不断完善，其将在军事应用领域创造出更多的价值。

军事领域中对于零件精度的要求是十分苛刻的，传统的零件制作工艺很难实现精度高、体积小等特点。3D 打印技术的出现完美地解决了这些问题，3D 打印技术在制作精细零件的时候不仅能够非常精确地制作出精细的细小部件，而且耗费的时间相比较于传统的制造工艺来说也缩短了很多，仅需要几小时。对于制造行业而言，除了制造的原材料的成本需要节约，制造一个部件需要的时间同样需要节约。由此可见，3D 打印技术的出现使得军事装备的维修问题得到很大程度的改善，这意味着军队的恢复能力会大大增强。同样，装备制作的效率提高也代表军队的移动不需要带太多的军事装备，可以使用 3D 打印技术快速制作出来，也意味着军事装备的储存量不需要堆积很多，在军费问题上也节省了很大的支出，3D 打印技术将会带着国家的军事装备走向另一个高峰。

6.8　建筑建造领域

近些年，3D 打印技术发展非常迅猛，而且应用于社会生活的很多方面。而在建筑领域，3D 打印技术操作更加方便、简单和快捷，可以应用简单、真实的材料对实体进行快速的建造和成型，对于成品，能够直观地反映出建筑物的结构、尺寸等相关特点，3D 打印建筑模型在未来的发展中具有良好的发展前景。

建筑设计领域中使用 3D 打印技术的优势如下。

（1）降低成本。技术人员只需在计算机上设计出完整的模型，利用打印机就可以直接建造建筑，大大减少了成本的投入。在模块定制、小批量生产中，也可减少生产时间和工期，节约原材料的投入。

（2）能够缩短建筑工程的施工工期。3D 打印技术由于其独特的优势，在建筑过程中不需要施工队的参与，也不需要传统建筑材料。在工厂进行零部件生产后，到现场直接组装，大大提高了生产效率。3D 打印技术在建筑领域的使用可以大大促进该行业的发展和转型。

（3）建筑工程的质量得到有效的提高。通过 3D 打印技术建造的建筑没有缝隙，其稳定性和连接处的强度远超传统建筑，同时，由于数字技术的引入，其精准性也能够有大幅度的提升，后期房屋修缮的问题也更加容易解决。

（4）降低建筑施工中的危险。由于 3D 打印的建筑的施工现场主要工作为组装，故施工的安全可以得到保障。同时，3D 打印技术可定制独特的建筑设计，有着更加美观、环保的优点。

3D 打印技术在建筑中的应用如下。

（1）在建筑设计中的应用。在建筑施工和设计中，建筑项目规划、实验及验收都会受到 3D 打印技术极为重要的影响，因此，施工相关人员需要更加重视施工，以达到创新的建筑设计目标。在建筑设计方面，3D 打印技术既能很好地反映出各个人群对建筑的设计性的要求，又可以体现出建筑自身价值。另外，从建筑的整体进行分析，3D 打印技术应用于建筑设计具有良好的经济效益。利用 3D 技术可以设计出建筑特色，保证工程造价的便利性，从而达到更客观的预算，人们对其有着很高的期待，通过使用 3D 打印技术有效地解决了存在的相关问题，建筑推广的安全性和施工质量都得到了保证。

（2）在建筑施工中的应用。与传统的建筑施工方式相比，在建筑的施工阶段，3D 打印技术可以把施工存在的误差降低到很小的程度，提高施工效率，通过系统控制，3D 打印机可以根据不同的切片方案实施打印，可以达到毫米级的打印精度，在建筑的打印过程中可以随时暂停，且可以在再次开始打印的时候精确确定之前打印的位置。例如，可以一边打印一边加装钢筋，也能事前预留钢筋或钢筋架的孔洞，打印完成后再进行加装钢筋，最终满足建筑的标准要求。

在未来的建筑行业中，3D 打印技术的发展前景如下。

（1）在建筑设计方面，传统的建筑设计存在许多的限制，其中由于施工技术的限制，许多建筑的设计理念很难实现是目前存在的主要问题。与传统的建筑设计主要基于图纸设计不同，3D 打印技术是在 3D 模型设计后通过传统图纸与建筑扫描、地理信息等电子系统结合后实施 3D 打印，并以实物的形式显现出来，3D 打印可以通过真实的场景进行建模，展现真实 3D 场景。通过分割、单体化、缩放等方法将原设计模型制作成等比例的 3D 模型，再利用 3D 打印技术将模型以 1∶1 的比例打印出来。3D 打印可以直接修改编辑文件从而对模型进行灵活的处理。同时，它还可以轻松实现多色打印，甚至给模型中添加金属、增加透明等元素。

（2）就目前建筑材料的发展而言，其与之前的建筑材料的不同在于：黏土和陶瓷等建筑材料的施工是 3D 打印技术的主要发展方向，化学、纤维等材料在未来的发展中也会与 3D 打印技术相结合，3D 打印剩余的建筑材料也可以进行分解和重新建设等循环利用措施，从而大大提高了建筑材料的利用率，进而大大降低了生产成本。3D 打印技术使用的材料物理性能较传统建筑质量更优，如 3D 打印技术下的混凝土使用，由于 3D 打印技术的特性，其原材料会由于可以添加一些其他如特配的树脂、水泥等材料而对其物理性能质量进行改良。

（3）通过之前的经验来看，对工程造价、工程量管理时需要注意以下几点：①根据相关的规范进行设计；②根据设计图纸对工程量进行计算；③根据定额保准对价格、市场价格进行计算；④对费用进行获取。结合以上几点，计算出工程的最终预算价格，这就是工程成本，而设计的变更、调整以至于一个小小的调整等，都会很大程度影响计价工作而大大增加计价工作的工作量。而采用 3D 建模后，可以充分分析施工前期的各个阶段，其计价以及调整的工作量也将大大降低，并且施工技术、施工流程对于造价的影响将会十分明确地显现出来。就当今而言，鉴于 3D 打印技术在我国的发展还处于初期阶段，工程定价结合 3D 打印的成本要远远高于传统定价，在未来的发展中，一些数字模型建设、设计及材料等技术与 3D 打印技术相结合，将会大大降低建筑方面的成本。根据目前对市场的调研来看，3D 打印设备已经逐渐应用于工程设计中，施工方只需购买并对其定期进行及时的程序更新、维护保养，就可以减少大部分的成本，创造更高的经济效益。

（4）在今后的发展中尤其在功能技术方面，3D 打印技术会变得更加多元化，这表明 3D 打印技术将在各个行业得到应用而不仅限于某一行业。3D 打印设备会为建筑设计者提供一个更大的创作空间，无论是在设计过程还是在施工过程。3D 打印设备将会越来越智能，其制作水平及效率也将得到巨大的提高，并将在各种复杂环境中运行作业。图 6.24 为建筑模型的示意图。

图 6.24　3D 打印技术打印的建筑模型示意图

6.9　功能器件领域

随着时代的不断进步与发展，人类社会逐渐步入了"物联网时代"。所谓物联网，即"万物相连的互联网"，它是基于互联网配合各种器件而形成的巨大网络。为了更好地促进物联网时代的发展与进步，必须要研究和发展各种新的功能器件。但因为功能器件的结构较为复杂且功能多样，所以对功能器件的加工手法要求非常严格，即对所要加工器件的大小有很具体的要求，同时对零件的精度要求也更高。因此本节主要介绍 3D 打印技术在功能器件领域的应用。

6.9.1　3D 打印技术在摩擦纳米发电机领域的应用

电能作为人类现代社会不可缺少的重要能源之一，获取的方式较为单一，目前仍以火力发电为主，即将大量的化石燃料（煤、石油、天然气、可燃冰等）进行燃烧来产生电能。这种生产电能的方式无疑给环境造成了很大的污染，加重了地球的负担。此外，还有核能发电，但因为安全性不能保证，核燃料泄漏的风险较大，例如，历史上著名的切尔诺贝利事件和福岛核电站泄漏事件都给人类敲响了警钟。因此，为了更好地解决这一问题，人类迫切需要找到一种新的发电技术来提供电能。

摩擦纳米发电机是王中林院士及其团队于 2012 年发明的一种新型的发电方式。因为其具有结构简单、材料选择广泛、成本低廉的优点而受到了科学家的广泛关注。但摩擦纳米发电机的发展仍旧处于起步阶段，许多问题有待科学家进行解决。例如，输出功率较小、输出功率不稳定、发电机的使用寿命较短等问题都是目前摩擦纳米发电机的研究方向。

目前，摩擦纳米发电机提升输出功率的途径主要有三种。第一种是通过改变摩擦纳米发电机的环境来改善发电的输出功率，例如，温度的升高会提升摩擦纳米发电机的输出性能，在真空环境条件下摩擦纳米发电机的输出功率也比在有空气的环境下测出的效率更高。第二种提升摩擦纳米发电机的输出功率的方式是改善摩擦层的材料，王中林院士及其课题组整理出一份摩擦电荷密度的顺序表，在选择两个摩擦层的摩擦材料时，选择摩擦电荷密度相差较大的材料作为两个摩擦单元的摩擦层可以产生较大的输出功率。除了在选择材料问题上进行改变，同样也可以使用表面修饰技术对摩擦层的材料进行表面修饰，以此来改善输出功率小的问题。第三种提升摩擦纳米发电机输出功率的方法是利用各种巧妙的机械结构增大摩擦纳米发电机的接触面积和摩擦层数量，并尽可能地增大摩擦纳米发电机的空间利用率，最大化地将自然界或人体中的各种机械能转化为驱动摩擦纳米发电机的机械能随后转化为电能。综上所述，改良摩擦纳米发电机输出特性的方法主要体现在三个方面：结构、环境、材料。

3D 打印技术作为新兴起的一种高级制造技术，因为其具有超高的精度、个性化的设计、快速的工作效率以及便捷的操作而受到了制造行业的广泛关注。摩擦纳米发电机对于结构的要求是非常高的，会使用到很多微小精密的结构，使用传统的制造手法则会耗费大量的成本和时间，不利于科研的推进，也不利于扩展摩擦纳米发电机的使用范围。将 3D 打印技术应用到制作摩擦纳米发电机的结构中可以大大降低制造发电机的成本并缩短时间。

河南师范大学材料科学与工程学院的高书燕教授及其团队致力于将 3D 打印技术应用于摩擦纳米发电机的结构制造中，所制造出来的摩擦纳米发电机可以很好地应用于对风能等自然界中的机械能的收集并进行一些应用。以下对利用 3D 打印技术制作的摩擦纳米发电机的结构进行简单的介绍，3D 打印机制作的摩擦纳米发电机模型见图 6.25。

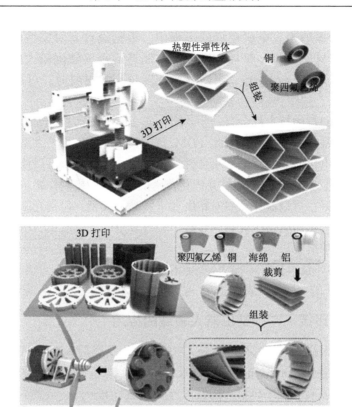

图 6.25　3D 打印机制作的摩擦纳米发电机模型

图 6.25 中结构的设计目的主要是提升摩擦纳米发电机中摩擦层的数量,并且在尽可能小的空间占有的前提下尽可能大地提升发电机的空间利用率。为了使制作出来的模型具有可按压性和良好的回弹性,所使用的材料为 TPU 材料,这种材料可以使用 FDM 技术的打印机进行增材制造。将 TPU 材料高温加热至 230℃至熔融状态,在 FDM 打印机平台上进行逐层增加制造,即可完成所需模型的制作。随后,在此模型中相对的一组摩擦层中分别粘贴铜膜和聚四氟乙烯膜,对其进行按压,即可产生电流。因为该结构的特殊性,摩擦层之间的菱形结构可以作为支撑,因此在将该模型按压至不能变形时,会有自主回弹的效果。且这种模型的中心菱形结构可以进行数量的控制,在应用时可以根据器件的需求进行菱形结构数量的选择,以更好地进行应用。

在制作摩擦纳米发电机模型的过程中，根据设计者对模型硬度的需求，可以选择不同材质的打印机耗材进行增材制造，需要硬度较大的模型时，选用的耗材可以是 PLA、ABS，当需要柔性度较高的材料时，可以选择 TPU、TPE 材料。

不同类型的打印技术都会有一些缺陷，就 FDM 打印技术而言，精度问题是其中较为难克服的一项劣势，因此 FDM 打印技术主要应用于大型模型的制作，当摩擦纳米发电机的模型对某一小部件的精度要求较高时，可以使用光固化技术的 3D 打印机进行打印制作，通过光固化技术的 3D 打印机制作出来的零部件硬度较大，韧性较好，可以制作某些对精度要求较高的模型。但是光固化打印技术所使用的耗材为光敏树脂，因此打印过程中会有较重的气味散出，所以在操作过程中需要做好防护措施。

使用 3D 打印技术制作出来的摩擦纳米发电机可以应用到许多领域中，例如，可以带动一些微小的传感器，或者进行一些电化学降解和一些有机污染物的处理。

6.9.2　3D 打印技术在微纳机器人领域的应用

微纳机器人的诞生和微机电系统（MEMS）的发展是密不可分的。20 世纪 80 年代后期，得益于集成电路的飞速发展，微电子技术与材料等学科共同加速了 MEMS 技术的发展。微纳机器人的发展与微机电系统一样，与微驱动器和高精度 3D 打印机的进展密不可分。

微纳机器人因其结构微小、器件精密度高，可进行多种微细操作，具有惯性小、响应快等特点。并且微纳机器人并不是普通机器人的微小化，而是传感、控制、执行和能量的单元集成，是机械、电子、材料、控制、计算机和生物医学等多学科技术的交叉融合。对于微纳机器人的制造，传统的加工工艺并不能满足微小部件的加工需求，所以增材制造工艺成为当下研究的热点。增材制造便是 3D 打印技术，这种技术可以更加灵活、快速地设计各种繁杂的结构，摒弃了传统工艺过程复杂、难度高、成本高等缺点。而高精密微纳 3D 打印技术又成为微型机器人制造不可或缺的手段。

2019 年 4 月，Science Roboties 上刊登了由多伦多大学微型机器人实验室发表的文章，文章针对 3D 打印微纳机器人进行了介绍。磁性元素钕被嵌到了柔性材料中，二十多种不同形状的机器人通过 3D 打印技术设计出来。研究人员使用一对强力的磁铁来翻转机器人特定部位钕的极性，使它们在磁场中发生排斥和吸引作用，并通过紫外线照射将这些磁性粒子锁定在相应的位置。通过特定的编程程序，控制微纳机器人不同部位的极性，使其实现爬行、蠕动、翻滚、收缩等运动效果。现阶段，微纳机器人大多处于实验室或原型开发阶段，因此，现在所见到的微纳机器人较为简单，还不能完成复杂的操作指令，距离应用还有不小的距离，但随着未来技术的发展,能够执行复杂指令的微纳机器人将会被制造出来。图 6.26 是深圳摩方材料科技有限公司利用陶瓷 3D 打印机加工的微型齿轮,最小细节达 0.097 mm。

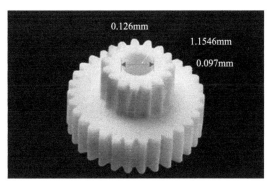

图 6.26　陶瓷 3D 打印机制作的微型齿轮

6.9.3　3D 打印技术在微流控领域的应用

微流控(microfluidics)是一门很成熟的技术,它的功能是在微米尺度下研究流体的处理与操控,微流控技术一直在升级更新,从刚开始的单一功能的流体控制器件一直发展到了现在的多功能集成的微流控芯片技术,并且应用领域很广。它在分析化学、医学诊断、细胞筛选、基因分析、药物输运等领域都有很好的应用。与过去的传统方法相比,微流控技术具有以下几大优势:

(1)体积很小;

(2)检测的速度很快;

(3)试剂用量比较小;

(4)成本低、多功能集成、通量高。

核酸检测一般认为是一种分子诊断技术,它包括的内容很多,如核酸提取、扩增和检测,对微生物分析、医学诊断、及时就医等都起着根本性的作用。但是由于目前核酸检测存在很大的问题,如工作量大、成本高、耗时长等,这些缺点明显影响了其在诊断中的应用。微流控技术的成熟发展在某种程度上推动了核酸检测技术的发展,这项以微流控芯片为基础的核酸提取技术、扩增技术,以及核酸检测技术,将核酸的提取、扩增、检测都集成到一个器件上。使用微流控技术进行核酸检测的示意图见图 6.27。

传统的大部分用于制作微流控芯片的微加工技术都来自半导体工业,其加工过程的步骤烦琐,并且会受到价格昂贵的设备的限制且耗时长。近几年 3D 打印技术逐渐成熟起来,开始应用于微流控芯片的制造中。图 6.28 所示为芯片的示意图。

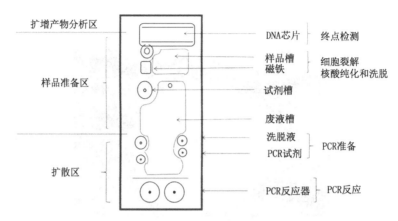

图 6.27　使用微流控技术进行核酸检测

图 6.28　3D 打印技术在芯片领域的应用

　　在当今微流控领域中，研究人员逐渐使用微纳 3D 打印技术直接打印生产微流控芯片，甚至打印出模具，这个模具可以用来制作 PDMS 倒模的微流控芯片。采用 3D 打印技术制作芯片，可以明显减少微流控芯片的加工步骤，在选择打印材料上也相对比较自由，除了一些混合物材料还可以直接打印生物材料。这项微纳 3D 打印技术制造微流控芯片在很大程度上降低了微流控芯片的技术门槛和加工成本，对微流控芯片技术的进一步发展有很重要的推动意义。

6.10　其他领域

　　以上所介绍的内容是 3D 打印技术在一些领域内的应用，但 3D 打印技术的应用范围远不止这些，有很多领域虽然应用 3D 打印技术不多，但其依旧占据着重要的位置。本节针对 3D 打印技术在其他领域的应用进行简单的介绍。

6.10.1　食品生产领域

在 3D 打印技术刚刚兴起的时候，3D 打印的模型局限性非常大，包括材料和结构，因为技术不成熟，所以材料的可选择性非常小，但随着科技的进步，有越来越多的材料也可以进行 3D 打印了，这其中就包括食品。

现在各种产品都讲究 DIY，因为人们认为只有 DIY 的产品才是最符合自己需求和审美的产品，尤其是食品方面，在加工食品的过程中按照消费者的口味进行食品原材料的添加和减少，再将食品制作成为消费者喜欢的形状，这样做更能满足消费者的需求。3D 打印在这个领域同样能做得很好。

2012 年 10 月 23 日，荷兰媒体报道了在埃因霍温的一场展会上，一台特殊的"打印机"吸引了大众的注意。荷兰国家应用科学研究院的研究员克耶德·范博梅尔说："传统打印机可在纸上打印文字、图像，近几年发展起来的 3D 打印技术还可以'打印'出塑料和金属小制品。而 3D 食品'打印机'别具特色。"

范博梅尔介绍说，该机器由计算机、自动化食材注射器、传送装置等构成。使用时可在预设的 100 多种立体造型中选择所喜欢的，然后点击"打印"，食材就会被均匀地喷射出来，立体的食品就会通过层层"打印"的方式被制作出来。

在 2012 年，该机器的价格高达上千欧元，但据范博梅尔说，5 年内机器的零售价能够降低到几百欧元。

研究人员认为，3D 食品打印机有助于利用全新食材，便捷地制作出非传统食品。例如，食品加工者从藻类中提取蛋白质，而后"打印"成高蛋白食品。

对于许多厨师而言，这台机器可以帮助他们开发更多新菜品，将美食个性化。英国《每日邮报》记者采访美国一位来自莫托餐厅的名厨坎图时得知，他已开发出食物打印机制作出的寿司。通过打印机制作出的菜品可以减少许多中间制作环节，从而避免食物在每一环节的不利影响。

霍德·利普森表示，他们将推出基于计算机辅助软件开发的"厨师计算机辅助软件"，可以让使用者向好友分享自己设计的食谱。届时，人人都可以下载名厨推出的食谱，人人都可以成为名厨。

3D 食品打印机是基于一种全新电子系统开发出的机器，不仅使食品打印更加方便，还可以帮助人们设计各种样式的食品。这种机器使用的原料都是可以食用的面糊、巧克力汁、奶酪等，可以大大简化制作食品的过程，更可以帮助制作出相比传统食品更加丰富、健康、有创意的食品，机器上市后，可满足家庭和餐厅等不同场景的需求。

3D 打印食品最开始是 NASA 研发的，他们的目的是让航天员在太空旅行的时候，能够吃上一些健康丰盛而又不失味道的食物，以前的食物都是类似于罐头之类的，这些食物可不像在地球那样的口感，而且也不新鲜，而 3D 打印的食物不但可以保持新鲜度和口感，还有造型美观、促进食欲的作用。

　　3D 打印食品除了方便快捷的优点之外，还有一些其他的优点。例如，3D 打印食物会比人工做的食物更健康，一般的蔬菜外观比较普通，很难引起小孩子的注意，甚至小孩子会反感吃某种蔬菜，而 3D 打印机可以打印给出的模型，也就是说这个模型可以千奇百怪，可以打印成一个公主形状、王子形状，或是一些小鸡、小鸭的形状，能降低食物外观导致的不利影响。同时，3D 食品打印机对人体的营养需求、健康状况的信息采集可以达到精准的程度，未来或许可以连接手机采集一些人体健康的相关指标，做出一款适合用户的食品。例如，用户今天消耗了多少能量，走了多少步，需要补充多少能量，睡眠时长是多少，睡眠质量怎么样，如果出现了一些异常情况，就会根据这些改变，打印出不同比例的食物来达到改善的效果，这将是一个健康的生活方式，将形成一个智能生活链。3D 食品打印机见图 6.29。

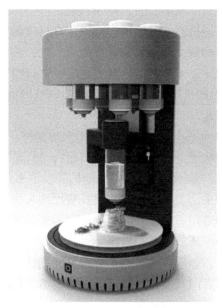

图 6.29　3D 食品打印机

　　在食品行业，3D 打印的应用还处于初级阶段，其中的热点应用之一是利用多材料食品 3D 打印技术解决膳食平衡问题。通过对材料盒中的食物原料进行合理科学的配置，3D 打印技术能打印出适用于不同营养需求的老人、青少年、病人和孕妇的食品。这其中的 3D 打印食品材料配方及成型工艺、食品 3D 打印平台的设计与制造、食品打印专用喷头的研发、温度和压力控制系统的研发、3D 食品打印软件的研发，以及所研发的新装备标志着智能 3D 打印在膳食平衡和新食品开发领域的发展方向。3D 打印技术制造的食品，不仅生产流程简化、成本降低，还可以定制个性化的外形。特别是在航空食品的领域，3D 打印可以制作保质期长达 30 年的航空食材。

基于 3D 打印技术在食品行业的应用，我国著名保健品公司东阿阿胶股份有限公司（以下简称"东阿阿胶"）也引入了 3D 打印技术进行阿胶糕的制作。使用 3D 打印技术制作阿胶糕可以根据消费者自己的创意进行食品外观的制作，早在 2014 年，东阿阿胶就制作出了外观新颖的桃花姬阿胶糕，并与哈尔滨工业大学进行合作，发明了桃花姬阿胶糕生产技术，并用于阿胶糕的生产，这项技术被认为开创了食品行业 3D 打印时代，并且该生产技术的数字化车间已经于 2014 年下半年投入使用。

6.10.2　药剂设计领域

麻省理工学院 Saches 等曾于 1998 年申请了全球首个 3D 打印技术专利。该专利最初主要用于汽车部件的生产等方面，后来又逐渐用于组织工程材料、医用假体、释放药物系统和医疗器械等方面。在 2013 年以前，每年发表的 3D 打印技术的释放药物系统相关 SCI 论文不到 20 篇；然而，当人们意识到 3D 打印技术在药物研发方向还在起步阶段时，全球首个应用 3D 打印技术的新药已经被美国 FDA 批准了。因此，技术的发展速度出人意料。在药物制剂的领域，该技术具有释放精准、药物剂量盒空间分布精确可控等优势，弥补了传统制药技术的不足，发展前景甚为广阔。以下重点对 3D 打印技术在几种常见剂型，如透皮给药、植入剂、片剂制剂中的应用进行概述。打印药物制剂的流程图见图 6.30。

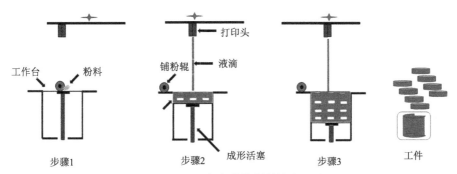

图 6.30　3D 打印药物制剂的流程图

应用在药物制剂领域的 3D 打印技术主要包括：黏结剂喷射技术、材料挤压技术、SLA，具体介绍如下。

黏结剂喷射技术是用于制剂生产的主要 3D 打印技术。典型黏结剂喷射型 3D 打印示意图如图 6.30 所示。在该原理图中，首先用铺粉辊将粉末均匀地铺在打印机操作台上，打印头将含有黏结剂或药品的液滴在设定路径下以精确的速度喷射到粉末床上。然后将操作台下降一定距离，再铺洒粉末、滴加液体，按照"分层制造、逐层叠加"的原理制备所需产品。在黏结剂喷射技术的打印过程中，打印产品的支撑材料可使用未结合的粉末；在打印机内，液体制剂可只含黏结剂，粉末床可以仅含有 API 和其他赋形剂；或将 API 作为溶液或纳米颗粒悬浮液喷射到粉末床上。

材料挤压技术是目前世界上应用最广泛的 3D 打印技术之一，在药物制剂领域受到越来越多的关注。材料挤压技术是通过从机器喷嘴挤出材料来进行打印的技术。与黏结剂喷射技术（需要粉末床）不同，这种技术可以在任何基板上打印。然而，用该技术挤压出来的物体通常需要更多的支撑材料，这是由于粉末床的缺乏。材料挤压技术中使用了多种材料，包括熔融聚合物、浆料、胶体悬浮液、硅胶和其他半固体材料等。

FDM 是最常用的材料挤压技术。FDM 的具体打印原理是，将热熔性的材料加热到临界状态，使其呈现半流体状态，然后喷头在软件的控制下沿设计的轨迹运动，挤出半流动状态的材料，材料瞬时凝固，层层打印成所需产品。FDM 系统与其他挤出系统的最大区别在于 FDM 系统采用固体聚合物材料，通过将其压入加热喷嘴中进行打印，而其他挤出系统则采用液态或半固态材料进行打印。FDM 的主要工艺参数有喷嘴直径、喷头温度、填充速度、挤出速度、分层厚度、环境温度、延迟时间等。

与黏结剂喷射技术相比，FDM 等挤出系统具有设备简单、产品设计能力灵活等优点，特别适合于复杂药物制剂的设计。FDM 的缺点是打印过程中需要加热、必须打印支撑材料、打印速度较慢等。此外，FDM 的一个重要的缺点是挤出材料比喷射材料更黏稠，延长了启动打印过程和停止打印流体流动所需时间。材料挤压技术简单灵活，它虽然有一定的局限性，但在药物制剂产品的开发方面已有一定的应用。

在组织工程和定制外科植入物的原型制作方面，SLA 技术已获得成功的应用。SLA 由于具有高精度和高分辨率，已成为制造内部结构复杂的药物递送系统的一种极具吸引力的工艺。在药物制剂领域方面，SLA 以聚乙二醇二丙烯酸酯（PEGDA）为基础材料，被用于制造透皮贴剂、环形片剂和微针等方面的研究。

但是，由于 SLA 自身的局限性，阻碍了其在制药领域的进一步应用。该技术受限的主要方面有：①由于生物相容性光聚合材料的限制，造成其在药物制剂中的使用受限；②由于 SLA 主要使用单一的材料进行打印，因此很难在具有多种材料的制剂（如药物负载复杂的制剂）的制造中使用；③原料药须充分溶解于聚合物中才能够制造出具有更高药物载量的释放药物系统，但是，据现有研究显示，仅有 1%～5.9%的药物载量溶解于光聚合物中，造成 SLA 在高载药量给药系统中的应用受到极大限制，然而，一些研究表明，SLA 可以通过打印具有均匀悬浮颗粒（高达 53%）的聚合物来解决载药量低的问题。图 6.31 为 3D 打印技术药物制剂分布图。

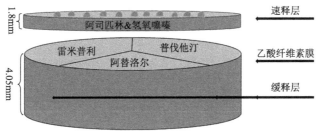

图 6.31　3D 打印药物制剂分布图

6.10.3　生态研究领域

随着科学技术的不断发展，人类在进行科技创新和工业发展的同时，不可避免地会产生诸多的环境问题。为了实现人类科技的发展，越来越多的地球资源被破坏，因此，实现经济和科技的可持续发展成为人类需要解决的一大难题。

尤其是在制作某些产品的时候，好的材料非常稀缺，而较为常见的材料往往达不到所需标准。3D 打印的出现就很好地解决了这一问题。一家名叫 Pelle Stafshede 的公司使用玉米和木质颗粒 3D 打印机来制造可持续的皮划艇，该公司使用的两种材料并非自然界中难以获取的材料，而是非常常见的材料，并且是可持续产生的材料，当这两种材料进行混合使用时就可以产生类似皮革的制品，这样一来，就很好地代替了在自然界中难以获取的皮革，而且也避免了对动物的捕捉。

3D 打印除了在生产领域对于生态环境的保护，还有很多这样的例子能够说明 3D 打印在生态领域的重要作用，如海洋生态环境方面。众所周知，珊瑚是海洋生态领域不可缺少的一部分，珊瑚礁是海洋中生物种类最多、生物量最丰富的生态系统之一，有着重要的生态价值和经济价值，而且对于生态平衡的维持、渔业资源的再生、生态旅游观光和海洋药物的开发以及保护海岸线等方面有着至关重要的作用。但是随着全球温室气体排放量的增加等许多环境因素，越来越多的珊瑚面临着各种各样的威胁与挑战。例如，大气中 CO_2 浓度的升高而造成全球的气温升高，导致海洋发生酸化，给珊瑚礁带来了极大的伤害；沿岸的开发造成的海洋污染及海水富营养化等问题，促使珊瑚礁发生退化、覆盖率减少，甚至面临毁灭的风险；除以上所列因素外，可以对珊瑚礁造成暂时破坏的还有台风、海啸等短时、急性的因素。珊瑚礁是生态系统中一种非常重要的生态环境，是很多动植物赖以生存的生活环境，它的自然形成需要经历成千上万年的时间，因此，珊瑚进行自我繁殖生长的速度无论如何也赶不上人类对于珊瑚礁的破坏速度。而 3D 打印很好地解决了珊瑚衰减所带来的环境问题，经科研人员发现，珊瑚礁的本质是碳酸钙，利用 3D 打印技术制作出相似甚至相同的结构放置到原来的环境中，能够为原本生活在其中的动物最快速度地提供庇护，加速环境的恢复，这样能够达到事半功倍的效果。

6.10.4　地理信息领域

3D 打印技术是一种应用非常广泛的高新技术，一经发明，就受到众多科研人员的广泛青睐，但似乎很难将地理学与 3D 打印技术进行联系，人们认为处在高科技领头羊地位的 3D 打印技术应用不到地理学领域，其实不然。3D 打印在地理信息学也有着很好的应用，但因为二者的结合依然处在初级阶段，所以就地理信息学领域而言，3D 打印仅在个别行业得到初步应用。

接下来详细介绍 3D 打印技术在地理信息学中的具体应用。

首先，最普遍也是最容易想到的就是 3D 打印技术可以制作地理结构的模型。由前文可知，3D 打印可以在文物保护中得到广泛的应用，例如，当某些文物遭到了环境的侵蚀和地质灾难的破坏时，就可以利用 3D 打印技术将其外貌进行恢复，做到 1∶1 地还原文物的外观。同理，3D 打印可以对某些地质结构或者城市结构进行缩小呈现，值得注意的是，3D 打印能准确区分土地、水、建筑物等地形特征，尤其是复制复杂的地形。这些优势增加了 3D 打印在地学信息技术中的应用。而对于大面积地理结构图，3D 打印的具体处理方法是，将地理模型分割并逐块打印，最后将所有块拼接在一起。实际上，利用 3D 打印可以将各种地理信息数据打印成各种实体模型，举例如下。

（1）地质模型：该模型可以帮助工程师了解水平方向和垂直方向上不同岩层的性质、矿体的性质、不同深度的地下水剖面及各深度的蓄水层构造等信息。

（2）地形地貌模型：该模型可以大大提高复杂解决方案的协商效率。

（3）地理信息系统模型：该模型可以使乡村、城市、地形地图得到迅速、高质量的呈现。

（4）房地产 3D 沙盘模型：该模型不仅外观精细准确，而且内部结构与标准比例尺一致。房地产 3D 楼房模型如图 6.32 所示。

其次，对于地理信息学的研究人员来说，这其中最重要的就是地理信息系统（GIS）图层了。那么什么是 GIS 图层呢？GIS 是地理信息学的简称，图层就是按某种属性将数据分为若干文件。

通过使用 3D 打印来呈现 GIS 数据的技术还存在一定的技术难题，故该领域仍处于起步阶段。这些难题主要包括以下几个。

（1）文件格式的转换。技术人员需要将大量不同的空间数据格式转换成 STL 文件格式，然后才能进行下一步。

图 6.32　房地产 3D 楼房模型

（2）目前，3D 打印机可以识别的几种文件格式之一是 STL 格式文件。通过使用各种软件和方法，分成几个阶段获取 3D STL 格式的数据是研究人员目前正在研究的方向，目前已经获得成功的一种是将 DEM ASCII XYZ 文件格式直接转换成 3D STL 数据。

（3）从本质上讲，3D 打印并不是一种廉价的技术，因此必须估算出打印材料的使用量后才能继续制作实体 3D 物理模型。

（4）虽然 3D 打印可以用于制作高精度和高分辨率的实体模型，但同时也会丢失一些细节。实际上，在模型打印的过程中，对打印的分辨率及模型壁的最小厚度极限值起决定作用的是材质层堆叠的宽度。

（5）在 3D 打印数据的输入方面，用户需要提前准备好 3D 数字模型。

（6）当研究人员必须研究数据的个别属性时，还必须返回平面地图，参考原始平面形态进行操作，这是因为当原始的 GIS 数据被打印成 3D 模型后，数据的属性会被整合压缩。

最后，3D 打印在地理信息学中还有一种非常广泛的应用，那就是 3D 打印技术在 3D 城市模型中的应用。为了将空间数据呈现出来，可以说是经历了许多阶段。最初，对现实事物进行 2D 展示的方法是使用以固定比例的非交互式的静态模式的 2D 纸质地图。通过将 2D 地图扫描到计算机中，生成非交互式的数字 2D 图像，该图像可以根据需要进行适当的缩放，并且逐渐形成信息化的趋势，但在当时面临的技术挑战是虚拟世界的比例尺寸概念问题。紧接着，由于提出了地理空间信息技术的概念，进一步促进了附加相应非空间属性的交互式 2D 数据的生成。随着 GIS 技术的进一步发展，交互式 3D 数据和附加相应属性的虚拟模型得以成功创建。随后，3D 建模功能得到了快速的发展，并迎来了一系列的技术革新。此外，在此基础上提出了 3D 仿真漫游的概念，并利用相关软件生成动态视频。之后，随着硬件技术的进步，3D 打印机应运而生，大大缩短了 3D 实体物理模型的生成时间，从而实现了之前不可能实现的目标对象的制作。图 6.33 为城市 3D 模型图。

图 6.33　城市 3D 模型图

由以上内容不难发现，3D 打印技术的发展对于地理信息学来说是非常重要的，也帮助了从事地理信息学研究的人员，使早期的数据转变为如今的实体模型。那么，3D 打印技术在地理信息学中的发展趋势如何？未来还会有怎样的巨大的变革在地理信息学领域里发生？目前在地学空间信息领域的应用中，3D 打印技术主要朝着以下三个新的方向发展。

（1）采用 3D 打印生成的房地产 3D 沙盘模型，分辨率高，不仅外观准确，细节也准确，而且其内部结构与标准比例尺相符合，从而使其规划和设计的参考价值得到了极大地提升。因为 3D 打印的发展前景巨大，故国内舆论对 3D 打印产业政策的呼声也在上升，在房地产的领域中，有越来越多的方向开始使用 3D 打印作为其主要技术，这其中最明显的就是房地产公司在向消费者展示自己楼盘的规划时所用到的沙盘模型。因为结构复杂，且对于细节精度要求较高，传统的人工铸模方式难以达到这么高的标准，且制作起来非常不便，还会需要大量的时间。因此，在制作沙盘的过程中引入 3D 打印技术，前期将房地产公司设计的楼房模型录入到切片软件中，再将其进行切片操作，随后将其录入 3D 打印机中进行模型的构建，这样制作出来的沙盘模型比使用传统铸模方式制作出来的沙盘模型的精度高出很多，而需要的时间又很少，因此 3D 打印技术成为房地产公司在制作沙盘模型的首要选择。

（2）在建筑地基、地下空间构造、隧道等地质数据集成的方面，使用 3D 地质沙盘有助于对其的理解。这是因为地质和矿山开发人员可以利用 3D 打印快速生成 3D 地质矿产模型，快速了解地质矿体的情况。在一些技术比较发达的国家的地学研究领域中，3D 打印技术已经有了具体的实践，例如，在地下矿床油气田结构可视化、地质研究、野外环境分析、矿产资源与能源开采以及军事指挥等方面，3D 打印已有了许多成熟的应用。

（3）在地理空间信息科学的研究中，只有高精度的 3D 模型才能满足需要。想要实现高精度的 3D 模型，除了 3D 打印技术的过关，还需要一台性能优越的3D 打印机。3D 打印机的优越的性能可以使地理空间信息模型的输出得到很好的兼容，再配合 3D 打印的后处理过程，将单色的 3D 打印模型涂上鲜艳的颜色，使地质构造的 3D 立体特征得到清晰细致的显示，其效率非常高。

综上所述，3D 打印技术在地理信息学中的应用潜力是十分巨大的，也是最大众化的发展方向。随着技术的不断创新，由于越来越多的公司与网站参与到 3D 模型设计的行列中，包括公司对某些较为复杂的地质结构进行设计，随后在相应的网站上进行销售。所出售的模型主要包括夏威夷群岛的模型、世界著名山峰的模型、著名国家公园的模型、月球陨石坑的模型等。在地学信息领域中，3D 打印技术的应用日趋广泛，而且技术也日渐完善。未来，3D 打印定会在地质调查 3D 模拟和地质勘查 3D 模型成果的输出中发挥十分重要的作用。

6.10.5　新材料研发领域

功能梯度材料属于复合材料的一种，其英文全称是 functionally gradient materials（FGMs），是由日本的著名学者新野正之、平井敏雄和渡边龙三等于1987 年秋提出并着手研究的。当时，这种材料是被用于新一代航天飞机的热防护系统，就是在与高温气体接触侧采用陶瓷耐高温材料，但是在液氢冷却侧采用金属材料保证其力学强度和热传导性。在日本科学家研制出此种材料后，美国、俄罗斯、瑞士、德国等国家也开始关注功能梯度材料。目前，在国家范围内已经形成了以日本、美国、中国、德国等国家为中心的 FGM 国际合作研究环境，并且会有越来越多的国家加入到这一新兴的研究领域中来。

3D 打印技术在新材料研究领域中的重要贡献就是用它来进行功能梯度材料的制备，这里用到的 3D 打印技术为激光 3D 打印技术。使用激光 3D 打印技术来制备 FGM 材料的适应面较广，例如，在制备 FGM 材料的过程中不仅可以制备FGM 涂层，还可以制备 FGM 体材。除此之外，使用激光 3D 打印技术还具有的优势有：生产周期较短、加工速度较快、设计十分灵活、材料的利用率高等，而且其成型件的尺寸精度高、组织致密、晶粒细化、使用性能优良。利用 LDM4030同轴送粉系统，关于两种或者两种以上材料含量的层与层之间连续的变化是通过调节送粉系统的输送量和输送比例来实现的，这种调节还可以实现更加灵活的成分设计、更加均匀的过渡，还能够制备出成分比例有连续变化的功能梯度材料。

6.10.6　太空领域

可以合理利用 3D 打印技术，逐层累加材料合成新物体的增材制造技术，现在该技术也逐渐走向了太空设备制造领域。科学家认为，3D 打印技术可以明显加快开发外太空的速度。怎样优化升级 3D 打印的 "太空制造"，并提高打印出新的零件的安全性？如何使用 3D 打印技术为纳米卫星创建超轻光学系统？来自俄罗斯的研究人员（ "5-100" 计划成员）介绍了他们的最新进展。图 6.34 为不同梯度的功能材料。

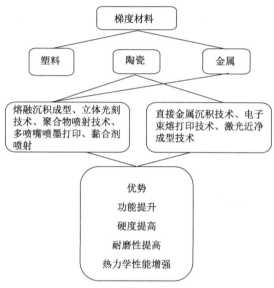

图 6.34　不同梯度的功能材料

太空 3D 打印可以显著加快开发地球外空间的速度；增材制造技术也正在积极渗透到火箭制造行业，可定制化优化"太空制造"。埃隆·马斯克和其他专家们确信，3D 打印可助力未来的太空开发，如殖民火星。要在火星上生存，就需要能够在那里开始生产，并且最好利用当地的材料。3D 打印机可被用来建基地，并在那里构建生存环境。

即使是现在，在国际空间站（ISS）的工作中，获取材料的问题也依然严峻，迫使下一艘货运的飞船宇航员不得不等几个月。有时重要的小零件会损坏或丢失，例如，电触头的塑料插头经常丢失。在这种情况下，3D 打印机在太空打印塑料产品可以解决此问题。未来，在星际飞行期间，可获得性问题将变得更加尖锐，对这种打印机的需求必将增加。

2016 年，NASA 委托 Made in Space 公司在国际空间站安装一台永久的 3D 打印机，以生产宇航员可能需要的工具、设备和其他任何东西。随后，欧洲、中国和其他国家及地区的一些公司也宣布制造类似的机器。

研制 3D 打印机的研究人员，托木斯克理工大学（TPU）的科学家表示，俄罗斯生产的 3D 打印机于 2021 年进入太空，其优势是一个更先进的模块化系统，能够实现设备升级和维修。因此，当 3D 打印材料从简单的塑料转向超结构或复合材料时，工程师将不必像今天美国同事那样制造新的打印机，然后将其交付给 ISS 使用。

TPU 现代生产技术科学和生产实验室负责人瓦西里·费多罗夫说：“现在，3D 打印机的工作布局进入最后阶段。对发送到 ISS 的设备在耐机械、气候和其他负载方面有严格的要求。此外，要确保 3D 打印机对宇航员绝对安全。现在，所有这一切都在检查中，进行了一系列测试和检验。同时，对专门为该打印机设置的软件进行改进。”

据外媒 CNET 报道，ExoMy 火星车是一款可以用 3D 打印部件建造的火星车模型。ExoMy 基于欧洲航天局（ESA）的“罗莎琳德·富兰克林号”ExoMars 探测器，ESA 已经通过 GitHub 在线免费提供 ExoMy 的开源计划。

“我们专注于使设计尽可能地负担得起和方便”，ESA 的 Miro Voellmy 在一份声明中说。“它使用的是树莓派计算机和现成的电子零件，可在网上和任何爱好商店获得”，该机构估计，制作这辆高约 16ft（42cm）的漫游车将花费 300 美元至 600 美元。

ExoMy 看起来很像它的全尺寸同类产品。它有六个轮子，并借鉴了“三轮转向架”悬挂系统，这将使“罗莎琳德·富兰克林号”在火星上的崎岖地形中游刃有余。摄像桅杆的“脸部”可定制，并被设计成可以实现戴不同帽子的功能。

ESA 发布了一段 ExoMy 的运行视频，显示了这个小车在岩石和沙地上滚动。“ExoMy 不仅仅是一个玩具，因为它可以作为机器人实验的低成本研究和原型平台”，Voellmy 说。图 6.35 为使用 3D 打印技术的火星探测器。

图 6.35　3D 打印技术在火星探测领域的应用

6.10.7　催化领域

催化剂在化学实验领域中的地位相信读者们一定都很清楚，催化剂的工作原理就是通过改变化学反应路径进而对反应速率进行调节，或者是对反应物进行选择性的产生。同样，反应器在化学反应过程中的位置也十分重要。反应器对化学反应起到的作用就是为各种催化反应提供反应场所。

反应器和催化剂在催化反应过程中都起到十分重要的作用，但二者发展至今的研究方向却完全不同。催化剂的研究方向主要集中在制备方法、反应机理、结构表征、催化剂性能等方面。而反应器的研究主要集中在更新反应器类型和功能、增强传热传质、降低压降等方面。在如今催化剂和反应器的研究方向依然是两种不同的大方向，将这两个体系进行结合研究得却很少，因此如何将二者结合进行研究成了科学家们研究的热点问题。

在 3D 打印技术发展的近 40 年以来，有越来越多的打印技术相继出现，打印技术的不断更新意味着打印耗材类型的增加，这对 3D 打印技术的发展是至关重要的。3D 打印所使用的耗材增加，意味着 3D 打印技术可以应用的领域更广泛。

近日，来自日本富山大学、浙江海洋大学、浙江师范大学、中国科学院山西煤炭化学研究所等单位的研究人员发现，金属 3D 打印产品本身可以同时作为化学反应器和催化剂，具体的实验过程如下。

液体燃料在传统方法上是使用石油资源进行炼制，但地球上的石油资源随着使用量越来越多而迅速枯竭，所以寻找一种方法去代替传统的液体燃料就成为当务之急。其中最有可能代替石油资源的生产液体燃料的原料就是天然气、页岩气、生物质和二氧化碳。

费托合成法是传统的制备液体燃料的方法，并且原料不是石油，这种方法也称 F-T 合成法。它使用的原料是合成气，主要原料是一氧化碳和氢气，在催化剂的作用下合成液态的烃或碳氢化合物。这种方法是在 1925 年由就职于鲁尔河畔米尔海姆市马克斯·普朗克煤炭研究所的德国化学家弗朗兹·费歇尔和汉斯·托罗普施所开发的，因此称为费托合成法。除了使用费托合成法以外，合成液态燃料的方法还有 CO_2 加氢和 CO_2 与 CH_4 的重整。现在科学家们正致力于研究这些路线的替代路线和其中的关键步骤。

研究者通过 3D 打印金属的技术制作了三种 SCRs，即自催化反应器。这三种自催化反应器分别是 Fe-SCR、Co-SCR、Ni-SCR，实现了 C1 分子（包括 CO、CO_2、CH_4）直接转化为高附加值化学品。通过对 Co-SCR 的结构研究表明，金属 3D 打印技术本身就具有增强反应器和催化剂之间协同作用的能力。图 6.36 为使用 3D 打印技术制作的反应器。

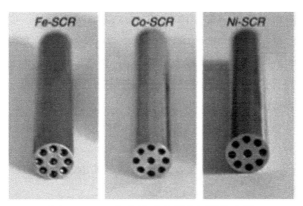

图 6.36 3D 打印技术在催化领域的应用

综上所述，研究者加强了催化剂与反应器之间的协同作用，为将来催化系统的新设计提供了新的明确的方向。同时，3D 打印技术在化学催化领域的应用也加强了 3D 打印本身，使得 3D 打印技术在化学领域、生物领域以及药物合成领域的应用更为广泛。

由此可见，3D 打印技术除了在工业领域和生活领域具有非常广泛的应用，在促进人类文明进步的科研领域的关键步骤中也能起到非常关键性的作用。

6.10.8 病毒检测领域

自地球诞生以来，就伴随着微生物的出现。迄今，人类一直在与病毒进行抗争，2020 年年初爆发的新型冠状病毒，使世界上众多国家都陷入了水深火热之中，并引发了全球经济的下滑。由此可见，病毒给人类带来的影响甚至相当于一场世界大战。

病毒本身的破坏力实际上是无法与枪炮相提并论的，但是因为病毒的传播途径很广，且不能用肉眼进行观察，往往在不知不觉中就会发生疾病的传播，并且现存的病毒检测途径有很多都需要较长的周期，检测周期越长，越会增加病毒传播的风险。因此找到一种快速检测病毒的方法是非常重要的。

一些常见的病毒，如肝炎、西尼罗河病毒、艾滋病病毒、疱疹、麻疹和流行性腮腺炎等病毒在医院通过抽血化验就可以检验出来。但是检验这些血液中病毒的设备并未普及，只能通过一些大型的化验室，而贫穷偏远的国家和地区也会因为资金问题无法拥有这些检测设备，这也会在无形之中增大疾病传播的风险。美国加利福尼亚大学洛杉矶分校纳米系统研究所的科研人员研发出了一种 3D 打印的手持化验设备，这种设备与平时用的智能手机进行连接，也能够完成原本只有酶联免疫检测设备才能完成的检测。

具体的实验原理是科研人员使用 3D 打印的智能手机硬件，随后将一个 96 孔的酶联免疫吸附测定微孔板固定，接着用 LED 阵列进行照射。这种技术可以广泛应用于纳米医学和分子传感和疾病筛查等方面，并且使用这种方法还可以明显地减少患者诊断疾病的成本。这个由研究人员开发的 3D 打印手持化验设备是基于 Lumia 1020 智能手机，并且这款设备的硬件云端与加利福尼亚大学的服务器相连接。LED 的孔板下面有 96 根光纤，数据会通过手机 APP 传送到加利福尼亚大学的服务器中。

　　该设备检测的准确性经过了严谨的测试，用它分别对腮腺炎病毒、麻疹病毒、单纯疱疹病毒 IgG（HSV-1 和 HSV-2）进行了测试，准确率分别达到了 99.6%、98.6%、99.4% 和 99.4%。由此可见，这项技术改变了传统的病毒检测，为贫穷的国家和地区带来了福音。

第 7 章　3D 打印的前沿技术

科技发展只有与时俱进，才能时刻保持青春活力，3D 打印技术也不例外。自 3D 打印技术诞生以来，近 40 年的光景里，3D 打印的发展从没停止过。本章对目前 3D 打印技术的一些最新进展进行了简单的介绍。

7.1　基于 3D 打印技术的 4D 打印技术

4D 打印技术是基于 3D 打印技术发展起来的新型打印技术，本节针对 4D 打印技术的发展过程、技术原理和应用进行简单的讲解，让读者对于 4D 打印技术有一个初步的认识。

7.1.1　4D 打印技术简介

3D 打印技术从 1984 年开始，至今已经有近 40 年的发展历史，中间的发展过程可谓是跌宕起伏，但总体是螺旋曲折的上升趋势。从最初的一种 SLA 光固化打印技术，发展到现在，3D 打印技术的种类已经数不胜数了，打印技术和打印机种类的发展，意味着打印耗材的种类也在不断增加，从最初的只有光敏树脂，发展到现在的日常生活中常见的许多材料均可以使用 3D 打印技术进行制作，如工业上常用的金属材料、合金材料等，日常生活中常用的橡胶和塑料等聚合物，甚至是我们每天都要接触到的食材等。图 7.1 为 4D 打印技术的符号模型。

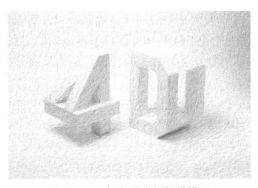

图 7.1　4D 打印技术的符号模型

　　科技要不断进步向前，3D 打印技术也是如此。众所周知，我们所理解的 3D 指的就是包含长宽高的立体结构，而 4D 相比于 3D 又增加了一个时间轴，即事物的变化。例如，生物生命的成长过程，从出现到成长再到消逝，这都是随着时间变化进行的。理解了这一点，就不难理解 4D 打印技术的含义了，简单来说，通过 4D 打印技术打印出的模型会根据使用者设定的时间发生形状上的改变，这是 3D 打印技术所做不到的。要想实现模型根据时间的推移而发生形状上的改变，关键的部分就在于 4D 打印技术所使用的耗材，这种技术所使用的耗材在外界刺激情况下，包括改变外界温度、改变压强，或将打印好的物体浸泡于水或其他液体中，会使得打印好的模型发生形状的改变。这就是 4D 打印技术在原理上的简单介绍。

　　美国麻省理工学院的斯凯拉·蒂比茨在 2013 年 2 月 25 日举办的位于美国加利福尼亚州的长滩市的技术、娱乐、设计 2013 大会上，演示了 4D 打印技术的新奇发现，标志着 4D 打印技术的诞生。4D 打印技术是由麻省理工学院的自组装实验室与明尼苏达州和以色列合资的一家 3D 打印机制造商斯特塔西有限公司合作开发的。因为使用范围十分广泛，且想法非常新颖，一经推出就受到了科技界的广泛关注。美国马萨诸塞州的技术研究实验室的总监 Skylar Tibbits 在一场采访中表示："我们要表达的是，假如你设计出一个产品，并且打印出来，然而它能够进行进化，这就像是在材料中加入了智慧。"经 4D 打印技术打印出来的模型就像是带有智慧的模型，并且它还会有足够的适应能力。相信这样的技术会在不久后的将来服务于人们生活中的方方面面。

7.1.2　4D 打印技术的原理

　　4D 打印的原理与传统的打印原理有所不同，与上一代的 3D 打印的打印原理也有很大的差别。传统的工艺模型的制作过程，包括 3D 打印在打印模型的过程中都会进行打印前的预处理过程。对于传统工艺来说，预处理指的就是在制作工件之前会制作一些模具来帮助模型的制作，使制作出来的模型更加精准、细腻。对于 3D 打印来说，预处理指的就是在计算机中使用类似于 CAD 的设计软件进行模型的设计制作，而后再使用切片软件对设计好的模型进行切片，最后再录入打印机中进行打印制作。

　　4D 打印则不然，它并非像传统工艺和 3D 打印那样先进行模型的设计再制作模型，而是直接将打印机嵌入到变形的智能材料里，然后可以进行更加细致的计算设计和编制程序，这样，在环境条件达到了特定的要求之后，如压强或者温度、湿度等达到了程序的设定值时，智能材料就会自行进行组装，并且形成使用者所需要的模型。由此可见，4D 打印技术中起到关键性作用的就是 4D 打印所使用的材料，可以对其进行设定，材料根据周围环境的变化发生相应的改变。以上就是

4D 打印技术的基本原理。

这项技术的出现使得产品的趋势向着智能化的方向发展，生产出来的模型可以进行自我修复，并且能够适应环境的变化。所以读者不难发现，这项技术为产品智能化的发展提供了一个全新的思路。

7.1.3　4D 打印技术的应用

4D 打印技术相较于 3D 打印技术而言多了一个维度，可以轻松保证其产品的灵活性、可变性。4D 打印技术在服装制作、军事、生物医疗、工业建筑等领域都有广泛的应用前景。

4D 打印技术具有根据周围环境的变化而发生改变的能力。正因为这种特点，4D 打印技术的应用前景才变得非常广阔。接下来，我们会在这一节中对 4D 打印目前投入的应用进行详细的阐述。

1. 4D 打印技术在服装制作领域的应用

在日常生活中，有许多生活必需品会因为各种各样的原因而变得不能长期使用，其中最容易想到的就是服装，每个人的身体特征都会随时间的发展而不断变化，身高、体重都会发生改变，因此，在这些变化进行的同时，曾经的服装或者鞋子都变得不能使用了，扔掉的话又非常可惜，但是因为自身原因又无法再穿。

4D 打印服装的出现就可以很好地解决这个问题，不只是上衣和裤子，鞋子也是如此，它能够根据使用者自身的身体情况进行变更，无论高矮胖瘦等各种身体特征，都可以随之发生变化，这样就能很好地实现服装的长期使用。对于消费者而言，这种技术可以帮助其节省一大笔在购买服装上的成本。图 7.2 为中国传统服饰——旗袍。

图 7.2　中国传统服饰

2. 4D 打印技术在军事领域的应用

4D 打印技术在军事武器领域也发挥着重要的作用。因为 4D 打印有适应环境的特点，所以非常适合应用于军事武器领域。首先就枪支弹药而言，士兵的作战环境是多种多样的，高原、盆地、山地，甚至是气候潮湿的热带雨林都有可能是战争的场地。地形的不同，也就造成了环境和气候的多种多样，而子弹从枪支中发射出去以后，它的飞行路径在很大程度上会受到气候的影响，无论是高温低温、高压低压，或是潮湿程度等都会对子弹的飞行曲线有或多或少的影响。而在使用 4D 打印技术进行枪支弹药的制造后，就可以很好地解决这一问题，制造好的枪支弹药在使用的过程中可以根据环境的变化而相应做出能够适应现在所处环境的改变，这样可使士兵的作战能力有很大的提升。

传统的武器装备制造流程为：制造──→部署──→使用──→报废，而 4D 的武器装备制造流程为：半成品制造──→部署──→现场塑造──→使用──→回收──→再部署。这样的技术同样也可以帮助国防机构节省下大量制作武器的成本，减少军费的开支。

4D 打印在军事领域除了对武器制造方面有很深层次的应用外，在士兵的穿着方面也有很大的用途。军人衣着的舒适程度对其战斗力也会有很大的影响。当作战环境在短时间内从一种程度转换为另一种程度时，士兵没有办法在短时间内更换合适的服装，况且，行军途中也没有足够的条件带齐所有衣物。因此，找到一种办法解决这一问题就成了关键。4D 打印因为具有制造自适应产品的能力，无疑就成为制作这种自适应环境的服装的首选。通过 4D 打印技术制作出来的服装可以根据环境温度的变化进行改变，包括透气性、保暖性、防雨等各种各样的改变。最重要的一点就是，士兵在作战时需要服装和武器的隐蔽性，由 4D 打印技术制作出来的服装能够根据环境颜色的变化来进行相应的改变，从而达到士兵作战时隐蔽的能力。

就目前而言，4D 打印技术毕竟是一项新型的制作技术，距上述技术的实现估计还会有较长的路要走。在上述猜想实现时，士兵的 4D 打印服装将会具有以下特征。

（1）隐身功能：士兵的服装可以根据周围环境的变化进行改变，主要是进行颜色的改变，包括在丛林中改变为绿色，在沙漠中改变为黄色，在海洋中改变为蓝色。这样的改变有利于军人在作战过程中进行隐蔽，避免敌人发现自己的行踪，更好地在暗中对敌人发起攻击。

（2）适穿功能：士兵的服装可以根据环境的变化进行调整，包括士兵身材的改变，以及周围环境的改变，如透气性、吸水性、保暖性等特征。

（3）防弹功能：军装可以根据情况的不同发生改变，在平时日常生活中使用时轻薄如丝，但在战争来临时又坚硬如铁，这样也可以减少军装制作的成本。利用传统技术制作军装时，需要分别制作日常生活中穿着的军装及在军事行动中穿着的军装，这就无疑增大了军费的开支。所以 4D 打印技术对于成本的节约有很大的作用。

4D 打印技术在军事后勤领域也有很重要的用途。行军途中，不可避免要经过多种地形的穿越，包括沙漠、丛林、沼泽及河流等多种地形。不同的地形就会需要不同的交通工具的帮助，而每位士兵的负重是有限的，不可能将所有会用到的交通工具都带上。4D 打印技术就可以很好地解决这一问题，平时士兵身上背负的双肩包在必要时刻可以通过浸泡在水中而改变成为救生艇。当士兵从高空中落下时，双肩包又可以变形成为降落伞，将士兵平安送到地面。这样的技术在军事领域的前景广阔。

3. 4D 打印技术在生物医学领域的应用

在本书的前几章中，详细地介绍了 3D 打印技术在生物医学领域的应用，而 4D 打印技术在生物医学领域同样有很重要的作用，接下来就对 4D 打印技术在生物医学领域的应用做详细的阐述。

随着经济发展水平的提高、人民生活的改善、物质生活水平的提高等，人体健康方面的问题逐渐增多。心脑血管疾病的病例数量显著增多，心脏搭桥手术的病例也越来越多。传统医学手段中，心脏搭桥手术会在患者的胸腔进行切割手术，然后在心脏处进行搭桥手术。成功率虽然很高，但对于患者身体器官的伤害也是巨大的，并且会在手术处留下较大的疤痕。4D 打印技术的出现可以改变这一现状。

因为 4D 打印技术制作出来的产品具有的最主要的特征就是自组装，产品会通过周围环境的变化而发生改变。人体外的环境与体内环境会有很大的差别，所以科研人员可以使用 4D 打印机将特定的参数录入其中，这样就可以避免开胸腔进行手术，只需要将 4D 打印机生产出来的产品从口中服入，或者通过其他方法使其进入体内，随体内的血液或者体液进行流动，待流动至需要手术的部位时，自行进行组装，生成心脏支架，并停留在合适的位置，即可完成手术。这种方法减少了手术对于人体的伤害，并且也能保证心脏支架手术的顺利进行。

除此以外，需要类似形式的手术的种类还很多，包括胃镜等相关的体检也可以使用 4D 打印技术生产的产品进行。由此可见，4D 打印技术对医学领域的贡献是相当大的，也许未来可能会因为 4D 打印技术而在医疗领域掀起一场科技革命。

4. 4D 打印技术在工业建筑领域的应用

众所周知，3D 打印技术已经十分成熟，而且 3D 打印技术已经可以打印出房屋建筑等大型的物件。同样，4D 打印技术在工业建筑领域也有着十分重要的地位。现在建筑面临的最大问题就是建筑材料的老化，不仅是住房外观上的老化，住房内部同样面临老化和损坏的问题。如住房中必不可少的就是管道问题，管道常年浸泡在水中，生锈和损坏就成了无法避免的问题。但因为管道等建筑必需品大部分会存放在墙体之中，进行维修的成本较高，且操作起来很不方便，这时就需要一种技术可以使管道有自行修复的功能。

打印技术就可以很好地完成这项工作，在制作管道之前预先将程序录入，当管道发生老化、损坏时，通过 4D 打印技术制作出来的管道可以进行自修复，这样就减少了管道维修所带来的成本，也降低了因管道问题而造成的事故发生的概率。使用 4D 打印技术制作出来的管道除了能够自我修复因管道老化所带来的问题之外，还可以因为管道中的流速而发生粗细等结构方面的改变，该类型的管道在日常生活中使用时也会更加便利，减少了管道因为不慎落入下水口的杂物而堵塞的概率。总而言之，4D 打印技术以后如果可以应用于建筑领域，会使我们的生活更加便捷、智能。

7.1.4　4D 打印技术的负面影响

任何事物都有两面性，4D 打印技术也不例外，它就像是一把双刃剑，给人们生活带来方便的同时，也会产生一些不好的影响。比如说 3D 打印技术，随着技术的不断进步，3D 打印机的成本和耗材价格都变得越来越低，这就造成了 3D 打印机的打印门槛变得越来越低，3D 打印机也就成了并非人人买不起的奢侈品。所以有越来越多的人群加入到了使用 3D 打印技术的行列中来，当然也包括一些别有用心的人。因为打印成本低廉，有的人甚至进行枪支弹药的制作，使用这种技术进行 3D 打印会使得这些不法分子逃避枪支弹药的管控政策，进而威胁社会治安，这将造成很严重的后果。

4D 打印技术也是如此，为我们生活带来帮助的同时，无形之中也会给我们的安全带来一些隐患。由于 4D 打印技术所打印出来的产品具有自组装的特性，因此在其自组装之前具有很强的隐蔽性，如果有某些不法分子利用 4D 打印技术来制作危险性较高的武器产品，但是在产品刚刚制作出来时大众并不能分辨出这究竟是什么物件，就给了那些不法分子可乘之机，将其顺利带入公共场合之中，再将其进行自组装，造成的后果也是不堪设想的。

在生物领域，4D 打印技术同样会有一些负面影响。经过研究者们的不懈努力，4D 打印技术已经可以应用于癌症治疗，利用 4D 打印技术制作出微小的纳米机器人，通过血液注入患者体内，待其流至相应位置时就会进行自组装，并组装成为纳米机器人，进而进行癌症的治疗。而纳米机器人由于其隐蔽性能好，如果有某些别有用心的人，让纳米机器人做一些违法的事情，那么纳米机器人就会成为危险的生物武器，对人体造成极大的伤害。

由以上几个例子发现，4D 打印技术带给我们生活便利的同时，也会有安全隐患的出现。除了进行危险性武器的制作以外，还会面临版权问题。因为 4D 打印技术可以实现各种模型的打印，生产的门槛很低，不需要学习任何先进的制造技术，只要可以操作 4D 打印机就能制作出相应的模型。因此若不出台相关的法律法规，那么模型的版权将无法得到合理的保护，甚至一些精致美观的模型会遭受大批量的复制生产。相信随着 4D 打印技术的不断发展，国家一定会推出相关的法律措施来对这种行为进行约束，保护好公民的安全和创新者的版权。

7.1.5 4D 打印技术的材料

通过上述内容的介绍，相信读者不难发现，4D 打印技术相较于 3D 打印技术来说还是有很大区别的。3D 打印技术的关键部分在于打印技术，从 3D 打印诞生以来的 SLA 打印技术，发展到现在近 20 种打印技术，并且不断地提升打印效率和打印精度，但从始至终，贯穿整个过程的都是技术方面的提升。只有技术方面不断地进步，才能增加打印材料的种类，所以，对于 3D 打印技术来说，关键就是打印技术的更新，进而推动 3D 打印在全方位的发展。

4D 打印技术则不然，在 4D 打印技术中，起关键作用的是 4D 打印所使用的材料，材料的选择对于 4D 打印是至关重要的。因为 4D 打印技术有其自己的特点，会在特定时间或者是特定的环境下发生模型的改变，因此需要的材料是具有一些记忆功能的记忆材料，这种材料的特点有些类似于记忆金属，但又完全不同，4D 打印所使用的材料是一种复合材料。记忆金属的特点是：其在特定范围的温度下会发生塑性变形，但在另一温度范围下就会恢复至原有的形状。

目前 4D 打印技术所使用的材料通常是由多种材料复合而成的复合材料，这种材料具有一定的特性，即在使用前通过一些编程手法录入程序并进入材料中，这样，材料在特定情况下，如某些温度、压强、湿度等环境发生改变时，就会影响材料的某些属性，并按照先前在材料中编制的程序进行自组装或者自愈合。这就是 4D 打印技术的材料，也是 4D 打印技术中最关键的部分，它会直接决定 4D 打印技术所制造材料的性能，并决定着 4D 打印技术的发展趋势，4D 打印材料的更新会影响 4D 打印技术的发展，并且起到至关重要的作用。

7.1.6 4D 打印技术的特点

根据上述所介绍的内容，不难发现，4D 打印技术作为新时代的高科技技术，有许多优点，同样也有一些不足之处。接下来对这些优缺点进行详细的阐述。

4D 打印技术的优点如下。

（1）在制造方面，因为 4D 打印技术具有自我组装和自我修复的自适应能力，因此许多商品，如传统服装、鞋子等会因为人体结构的变化不能继续使用，有了 4D 打印技术的支撑，这些商品可以长期使用并且不会因为身体的变化而不再合身。所以在成本方面可以节约大量的开支。

（2）从 3D 打印技术的发展至逐渐成熟，不难发现，随着 3D 打印技术成本的不断降低，制造业的门槛越来越低，不再需要过多地雇佣大量的制造工人进行制造，3D 打印技术可以代替大量的劳动力。因此也不难理解，4D 打印技术也会因为 4D 打印机的普及而变得非常通用，不再需要高超的制作技术就可实现各种复杂模型的制作。

（3）传统的制造行业的过程十分复杂，前期需要进行模具的制作，采用的都是类似于浇铸法等传统的制作模具的方法，过程较为复杂，耗时也很长，且对于微小难度较大的模型来说，传统的方法根本无法实现。而 4D 打印技术的出现大大降低了制造的难度，只需将设计好的模型输入相应的材料，就能够实现复杂模型的制作，并且整个过程不需要任何额外的加工。

（4）对于传统的制造企业，生产制造考核就是来控制不良产品生产率。同时，不良产品生产率决定了企业的经济效益。随着 4D 打印技术的不断发展，不良产品生产率这个名词可能会消失，随之而来的是这个产品是否能够满足客户的需求。

（5）在传统的制造行业中，材料的选择较为单一，通常只有常见的几种，如金属材料、木材等日常生活中容易得到的材料。而 4D 打印技术所使用的材料则具有种类多的特征，从现有的 3D 打印耗材就不难发现，4D 打印技术的材料除了日常生活中常见的材料以外，还增加了许多复合材料，包括光敏树脂、聚合物材料等都是 4D 打印技术可以选择的材料。

4D 打印技术的局限性如下。

（1）制作门槛的降低，人人都可使用 4D 打印技术进行复杂模型的制作，就不可避免地会遇到版权方面的问题，各种模型无限制的制作也会带来一些问题，因此国家需要出台相应的法律法规去约束这种问题。

（2）4D 打印技术目前所处的阶段还是发展初期，包括之前的应用领域等问题都是学者对于 4D 打印技术在未来发展的愿景，要想更好地实现 4D 打印技术给我们生活带来的各种便利，还需要科学家们不断地前进。

7.2　断层成像重建 3D 打印技术

在 2019 年年初，世界著名杂志 *Science* 刊登了一篇名为 Volumetric additive manufacturing via tomographic reconstruction 的文章，中文大意是基于断层成像重建的立体 3D 打印技术。

这种技术是一种类似于 SLA 和 DLP 的光固化成型技术，使用的耗材也是 DLP 打印技术所使用的光敏树脂。这种技术之所以可以发表在 *Science* 杂志上，是因为该 3D 打印成像技术的独特的成像方式，大大地提升了 3D 打印技术的打印效率。经过实验验证，这种打印技术可以在短短几十秒内就打印出完整的人像，并且这种技术的打印原理并非想象中的那么困难。

　　简而言之，这种打印技术的打印原理如下：首先通过类似于 CT 的扫描仪对人体结构或模型结构进行扫描，也可以使用 3D 建模软件对设计者需要的模型进行设计，这个过程主要是对人体结构或者模型结构进行全方位的扫描，对周围每一个角度都形成一张 2D 照片，随后会将这些图片输入到一个投影仪中，然后再使用投影仪将这些 2D 照片投射到一个装有丙烯酸酯（一种合成树脂）的圆柱形容器中。最后，当投影仪通过全方位覆盖的图像旋转时，容器也以相应的角度旋转，当这些树脂吸收的光子达到一定数值时，就会发生固化的现象，这些固化的树脂就可以形成设计者需要的模型了。

第8章　3D 打印技术未来发展趋势与展望

基于本书前几章的内容，我们对 3D 打印技术发展的整个过程，以及 3D 打印技术的原理等专业性问题都有了详细的描述。因此，本章内容就 3D 打印技术的发展进行展望，大致设想了 3D 打印未来的发展趋势会是什么，会在哪些方面有更好的发展。

8.1　3D 打印技术的发展前景

3D 打印技术发展至今，已经从雏形走向了成熟，并且在许多领域都有着非常广泛的应用。作为一种新兴起的制造技术，3D 打印对于工业的发展和制造业的贡献都有着革命性的作用。因此本章内容会基于一些统计数据，对国内和国外的 3D 打印技术进行分析，对 3D 打印技术的发展趋势进行一些大致的预测，帮助读者更好地了解和认识 3D 打印这一高新技术。

8.1.1　3D 打印技术在国内的发展前景

3D 打印作为一种新兴的高科技技术，其发展前景十分可观。在工业、军事、设计、医学、航空航天、建筑、文物保护及食品等诸多的领域都有着非常广泛的应用。

我国发展 3D 打印技术的时间尚短，因此与国外相比仍存在非常大的差距。目前国外的 3D 打印技术已经处于发展金属 3D 打印、高分子 3D 打印、陶瓷 3D 打印及生物 3D 打印技术的阶段，然而我国的 3D 打印技术尚未到达此高度。不过，近些年来，我国在生物 3D 打印技术领域中不断取得突破性的进展，从而进一步推动了 3D 打印技术在我国医疗器械、人工组织器官的临床转化方面的发展。

3D 打印技术在我国从 1988 年发展至今，呈现出不断深化、不断扩大应用的趋势。据统计发现，我国 3D 打印产业规模在 2015～2017 年的 3 年间年均增速超过了 25%，实现了翻倍增长。

自 2017 年始，我国 3D 打印产业进入快速发展阶段：在 2017 年，我国的 3D 打印相关企业已超过 500 家，产业规模达 100 亿元。增速略微放缓，在 25% 左右，但仍高于全球 4 个百分点。2018 年上半年，中国 3D 打印产业增速维持在 25% 以上，整体规模达到 18.3 亿美元。2020 年由于疫情，国内市场经历了不同的走势，但自第二季度开始，各方面的增长都很强劲，3D 打印技术同样取得了较大的增长。据统计，在 2020 年第二季度的全球 3D 打印市场中，中国工业级 3D 打印机的国内单位出货量环比增长 24%，全球个人台式打印机出货量增长 68%。实际上，全球 3D 打印市场的硬件收入同比下降了 27%，而第二季度的两项增长数据可以说为 3D 打印机市场带来了积极的信号。

　　然而，我国的 3D 打印设备与国外相比，仍有较大的差距。统计发现，2020年，我国 3D 打印机进口均价为 4313.58 美元/台，环比下降 20%，而出口均价为186.12 美元/台，环比上升 13%。由此可知，我国的 3D 打印机进出口均价差距较大，进口均价约为出口均价的 23 倍，其中进口产品以高端商用产品为主。

　　由 3D 打印设备、3D 打印材料和 3D 打印服务这三大细分行业构成了 3D 打印产业。从 3D 打印机的类型来看，3D 打印行业未来收入增长的主力军将会是工业级 3D 打印设备。2017 年，桌面 3D 打印机国内出货量增长 27%，其中个人或桌面打印机占比约 95%，工业级 3D 打印机出货量只占 5%。然而由比较销售收入可知，总收入的 80% 来自工业级 3D 打印机。由此可见，尽管消费级设备支撑出货量，但支撑整个行业的销售收入的是工业级设备。从 3D 打印设备与材料端来看，随市场上技术的进步，中国的 3D 打印技术也出现了快速上升的趋势。从应用端，即 3D 打印服务方面来看，自第二季度开始，塑料和金属都出现了强劲的反弹态势，不少 3D 打印服务工厂（如手板厂等）均开始通过 3D 打印技术来生产更大批量的产品。

　　近些年来，我国的 3D 打印市场呈现出稳中向好的态势，因此，进入该领域谋求机遇的企业越来越多。截至目前，2016 年后进入 3D 打印市场的企业占中国所有的与 3D 打印技术相关的企业的约 46.9%。其中，金属 3D 打印市场较为活跃。据统计，在 2019 年中国 3D 打印材料产业结构中，金属材料产业规模达到 15.56亿元，占比 38%；非金属材料产业规模为 25.38 亿元，占比 62%。而在 2020 年，航空航天方面诞生了许多相关的打印订单，催生了除铂力特公司之外更多的金属3D 打印服务出现在中国市场。

　　关于 3D 打印，国内市场还出现了许多创新性的技术，例如，2020 年发射的长征五号 B（Long March No. 5B Rocket）上搭载了一台"3D 打印机"，这是中国首次太空 3D 打印实验，也是国际上第一次在太空中开展连续纤维增强复合材料的 3D 打印实验。目前，中国市场的主流设备品牌有联泰、极光尔沃、铂力特、3D Systems、Stratasys、迅实科技等。从区域分布来看，我国的 3D 打印产业集聚态势明显，目前已形成以环渤海、长三角、珠三角为核心的空间发展格局，即以环渤海、长三角、珠三角为核心，以中西部部分地区为纽带的产业空间发展格局。其中，3D 产业发展较快的有北京、浙江、陕西、湖北、广东等。例如，北京市有

70 家以上从事 3D 打印技术研发、生产与服务的企业，2017 年销售收入约 6 亿元；广东省有超过 400 家从事 3D 打印的企业，产值超过 30 亿元；陕西省有 70 多家从事 3D 研发生产企业，2017 年营业收入 5 亿多元。截至 2019 年，全国 42.4%的 3D 打印企业分布在华东地区，23.8%、13.9%和 8.4%的优秀企业集聚在中南、华北、西南等地区。

尽管与国外相比，国内 3D 打印技术虽仍有较大的差距，但随着产业的兴起，我国 3D 技术研究在以高校科研机构为主的研究人员的努力下不断取得进步。例如，深圳大学研究了陶瓷 3D 打印和电池 3D 打印技术；上海交通大学在陶瓷增强铝合金金属粉末的开发方面进行了积极的探索。截至 2017 年，中国与 3D 打印相关的专利申请达 7402 件，其中华南理工大学、西安交通大学在数量上分别位居第一和第二。因此，进一步推动中国增材制造产业的发展，需要将创新与产业相结合。

据前瞻产业研究院发布的《3D 打印产业市场需求与投资潜力分析报告》显示，2012 年，我国 3D 打印机市场规模达 1.61 亿美元；至 2016 年，我国 3D 打印产业规模达 11.87 亿美元（约 80 亿元人民币），复合增长率为 49%；2018 年，我国 3D 打印市场规模达 22.5 亿美元，预计在 2022 年可达到 80 亿美元左右。由此数据可知，我国对于 3D 打印技术的支持力度是十分巨大的，包括在政策上和经济上的支持。与此同时，国内的大型企业开始采用更为平等的姿态与 3D 打印生态圈相融入，将 3D 打印的各种优势资源结合起来，共同实现发展创新。

技术的进步让我国的 3D 打印方案不断落地，2019 年 1 月 11 日，中国第一座使用 3D 打印技术制作的高分子材料观景桥正式亮相，可以预见"3D 打印+"生态圈在未来将会越来越完善。

总的来说，我国的 3D 打印产业链有巨大的潜在发展潜力。3D 打印产业中无论是 3D 打印机的制造商，还是 3D 打印机所用到的打印耗材，只要 3D 打印产业在飞速向前发展，那么对这两项的需求都是必不可少的，因而这两个行业均会有巨大的发展空间。3D 打印技术极有可能在未来市场里掀起巨大的波浪，逐渐成为时代的弄潮儿。因此，3D 打印企业要想在未来很好地生存下去，需要做好以下三方面工作：①紧紧抓住产业发展契机，不断提升产品的研发能力，进一步深入布局 3D 打印市场；②不断完善人才培养及管理机制，同时与高等院校建立产研合作和人才培养关系，竭诚为 3D 打印产业化发展输出更多的创新型技术人才；③要紧跟国家的发展政策，顺应时代变化。企业只有做到以上几点要求，才能保持在行业领先位置，不被时代所抛弃。

8.1.2　3D 打印技术在国际的发展前景

3D 打印技术自 1986 年被查尔斯·胡尔发明以来，由于其新颖的成型特点、快速的加工过程和精确的成型工艺一直广受科研人员的关注。最早的 3D 打印技术是 SLA 打印技术，这种打印技术对于材料的要求比较严格，SLA 打印机所使用的耗材是光敏树脂，因为只有这种材料才会因为光的照射而发生固化现象。但是随着技术的不断发展和进步，有越来越多的 3D 打印技术被发明，包括 FDM 打印技术、SLS 打印技术、3D Print 打印技术等，每一项新技术的出现都会更新耗材的种类，从最早单一的光敏树脂转变为现在 PLA、TPU、木材、食材，直到最新的金属材料的 3D 打印技术，科研人员可以利用的材料范围越来越广，可以实现 3D 打印的物件种类也越来越多，并且这一转变还在不断地延续。

就这段时间而言，新型冠状病毒席卷了世界各地，口罩、防护面罩、呼吸机等物品资源出现了严重短缺的现象，传统的流水线生产已经不能够满足人类对这类物资的需求。因此，越来越多的企业乃至个人选择利用 3D 打印机对上述物资进行制作，包括防护面罩、呼吸机配件等，甚至在网站上创建了私人论坛，将政府、医院或者一些慈善组织发布的所需物资的数量进行统计，随后发动论坛成员进行这些物资的 3D 打印。3D 打印在全球疫情防控中发挥的作用，反映出这项技术普及度的提高和应用领域的扩展。

3D 打印除了在疫情防控中展示出了不错的利用价值以外，在其他行业中也有巨大潜在的商用价值。某些嗅觉敏感的外国企业纷纷投入到 3D 打印领域中来，引起了 3D 打印技术的百花齐放，出现了很多新型的 3D 打印技术，包括分层实体制造、熔融沉积成型、激光烧结等。并且其他行业领域也发觉到了 3D 打印技术的种种优势，将这种技术引入到各自行业中来，于是就有了 3D 打印在各种行业中的应用，包括医学领域、地理信息学领域、建筑领域、汽车制造领域以及航空航天领域等，有关 3D 打印的文献数量也开始飞速增长。经过多年的发展，国外企业通过自主研发、并购，不断完善产业链布局，逐步出现一些工业龙头企业，产业和技术日益集中，世界上许多国家和地区也有大量的专利。

3D 打印在各国企业当中的使用率也十分广泛，在 2019 年中旬，德国联邦信息与通信和新媒体行业协会发布了一项统计数据，调研了 555 家德国企业，其员工数量均超过 100 人，其中 32%比例的公司都使用 3D 打印技术，相当于每三家中就有一家。这个比例在 2018 年为 28%，而 2016 年时只占 20%。在世界制造行业领域，德国制造业代表了全球的最高水平，由他们对 3D 打印技术的使用率及增长率可见这项技术的实用性。除了这些数据以外，该项调研还有以下结论：有78%的受访企业认为，3D 打印将给产品的制造生产带来巨大的帮助。61%的受访企业非常看重 3D 打印这一优势，去年这一比例为 53%，增长了接近 10 个百分点。55%的受访企业认为，能够提高生产的灵活性是 3D 打印技术带来的另一大经济机遇，这一比例在去年为 50%，增长了近 5 个百分点。另外还有 16%的德国企业认为，3D 打印可以节省成本。基于以上数据，德国联邦外贸与投资署的 3D 打印技术专家马克斯·米尔布莱特表示："这项统计表明，3D 打印在生产中越来越受欢迎。作为工业金属 3D 打印的全球引领者，德国提供了理想的投资与创新环境。可以说，德国制造的 3D 打印为下一次工业革命奠定了基础。"

在 3D 打印迅猛发展的过程中，出现了一些优秀的 3D 打印公司，其中最为著名的就是 3D Systems 公司，它的创始人也是 3D 打印技术的创始人查尔斯·胡尔。他于 1984 年申请了 3D 打印的第一份专利，随后于 1986 年创办了 3D Systems 公司，是世界上第 1 个生产增材制造设备的公司。1988 年，3D Systems 公司成功研制了快速成型技术并发布选择性液态光敏树脂固化成型机，这是实现 3D 打印的基础。随后，在 2001 年，3D Systems 公司为了拓展公司的技术范围，开始进行公司收购计划，拓展的技术有软件、材料、打印机、内容打印。同期，3D Systems 收购了世界上第 1 台高精度彩色增材制造机的生产商及多色喷墨 3D 打印领域领导者 Z Corporation 公司。在 2014 年，3D Systems 又进行了一系列的公司并购，包括收购了直接金属 3D 打印和制造领域的主要服务提供商 Layer Wise。2015 年，3D Systems 继续收购了全球第一个将熔融沉积成型技术商业化的 3D 打印企业 BotObjects。

3D Systems 公司进行了一系列的并购，已经成为拥有众多 3D 打印技术的高科技公司，技术包括 SLA、SLS、彩色喷墨印刷技术（CJP）、FDM、MJP 直接金属烧结技术（DMS）。数据显示，3D Systems 已经拥有包括快速原型制造系统和方法在内的 1114 项技术创新专利，另有 264 项专利正在申请过程中。3D Systems 公司除了拥有众多的专利数量之外，其专利的质量也是非常不错的。例如，在航空航天类高科技领域，航天器和飞机设备对零件的精度要求非常高，而 3D Systems 公司能够很好地将这些零件制作出来，精度之高、速度之快在业内得到了广泛的认可。在汽车制造领域，3D Systems 公司在可视化和新型发动机制造领域起到了杰出的贡献。在医疗行业，3D Systems 公司在制作某些医疗器械和假肢方面起到了很大作用，同时，在为患者制作个性化的医疗辅助设备方面也发挥了巨大作用。在教育行业，有许多学科在教学过程中需要进行大量的模型展示，3D Systems 在这一行业贡献就十分突出，还有许多艺术类院校会有大量的设计活动，也会用到 3D Systems 的打印技术。在制造行业，会有许多模型在批量生产之前先打造一个模具，利用传统的铸模方法制作模具再批量生产模型会耗费大量的时间，进而导致产品开发周期延长，而 3D 打印在这方面可以节约大量的时间，进而缩短产品的生产周期。3D Systems 不仅限于 3D 打印设备制造领域，而且更多侧重于内容打印解决方案，包括 3D 打印耗材、3D 打印机、按需定制组件服务和 3D 数字模型制作软件。

3D 打印耗材也是 3D Systems 公司所经营的主要业务之一，公司总销售额的近 30% 来自工程塑料、复合材料和金属类材料等打印材料的销售。

3D Systems 已经发展成为全球化的 3D 打印企业，现在硬件销售、耗材销售、服务销售已经成为该企业发展的三大支柱。在不久的将来，3D Systems 还会继续向着低成本、高效率，且逐渐平民化、大众化，但依然会兼顾专业化和高端化发展。

随着 3D 打印技术的不断发展，有越来越多的企业和科研团队加入到 3D 打印研究的行列中来，据市场数据统计，2010 年 3D 打印技术的市场分额仅为 13 亿美元，到了 2016 年已经发展至 60.6 亿美元，折合人民币高达 417.5 亿元。而这个数据还在不断扩大中，随着 3D 打印技术的快速成长和 3D 打印技术在各个行业领域的渗透，全球 3D 打印行业继续保持快速增长的势头，2017 年全球 3D 打印市场价值为 83.12 亿美元。业内专家预测，到 2023 年，世界上进行 3D 技术研究的资金投入将会达到 353.6 亿美元。

8.2　3D 打印技术的政策引领

2015 年 8 月 23 日，中共中央政治局常委、国务院总理李克强主持国务院专题讲座，讨论加快发展先进制造与 3D 打印等问题。

2015 年 2 月，国家发展和改革委员会联合工业和信息化部、财政部发布的《国家增材制造产业发展推进计划（2015—2016 年）》提出，到 2016 年，初步建立较为完善的增材制造产业体系，整体技术水平保持与国际同步，在航空航天等直接制造领域达到国际先进水平，在国际市场上占有较大的市场份额。增材制造产业销售收入实现年均增长速度 30%以上的快速增长。形成 2～3 家具有较强国际竞争力的增材制造企业，进一步夯实技术基础。建立 5～6 家增材制造技术创新中心，完善扶持政策，形成较为完善的产业标准体系。

随着《国家增材制造产业发展推进计划（2015—2016 年）》和《中国制造 2025》等政策的提出，并且为了更好地建设世界制造大国，国家正式将 3D 打印技术提升为国家战略层面，并给予了大量的资金支持。由此可见，3D 打印对于制造业来说是非常重要的一项技术。2017 年我国出台了 8 项对 3D 打印的支持政策，涉及国家部门多达 23 个。中央财政更是通过"增材制造与激光制造"国家重点技术专项，支持符合条件的增材制造工艺技术、装备及其关键零部件研发，研究将符合条件的增材制造纳入"科技创新 2030—重大项目"支持范围。

国家为此制定了 2020 年的五大发展目标。

（1）产业保持高速发展，年均增速在 30%以上，2020 年增材制造产业销售收入超过 200 亿元。

（2）技术水平明显提高，突破 100 种以上满足重点行业需求的工艺装备、核心器件及专用材料。

（3）行业应用显著深化，开展 100 个以上试点示范项目，在重点制造（航空、航天、船舶、核工业、汽车、电力装备、轨道交通装备、家电、模具、铸造等）、医疗、文化、教育等四大领域实现规模化应用。

（4）生态体系基本完善，形成完整的增材制造产业链，计量、标准、检测、认证等在内的生态体系基本形成。

（5）全球布局初步实现，培育 2～3 家以上具有较强国际竞争力的龙头企业，打造 2～3 个国际知名名牌，一批装备、产品走向国际市场。

相信在国家政策的大力支持下，3D 打印技术在我国一定会蓬勃发展，迎来高速的增长。3D 打印技术的中国政策见表 8.1。

表 8.1　3D 打印技术的中国政策

部门	具体政策
国务院（一级）	《中国制造 2025》、《"十三五"国家战略性新兴产业发展规划》、《中国制造 2025》"1+X"规划体系等
工业和信息化部、科学技术部、财政部、教育部等部委（二级）	《国家增材制造产业发展推进计划（2015—2016 年）》、《增材制造产业发展行动计划（2017-2020 年）》、国家"增材制造与激光制造"重点专项等
陕西省、北京市、黑龙江省等地方政府（三级）	《陕西省增材制造产业发展规划（2016 年—2020 年）》、《促进北京市增材制造（3D 打印）科技创新与产业培育的工作意见》、《黑龙江省增材制造（3D 打印）产业三年专项行动计划（2017—2019 年）》等

第9章 总   结

通过以上八个章节内容的学习，读者一定了解到了许多有关 3D 打印技术的知识。在第 1 章中，介绍了 3D 打印技术的发展历史，包括 3D 打印技术的诞生时间、创始人以及在 3D 打印技术发展过程中，对发展有积极助推作用的大事件。第 2 章将目前的 3D 打印技术按照打印工艺分为了五类，并对每一个大类的几个代表技术进行了简单的介绍，包括技术原理及其应用，因为该章涉及的打印技术种类众多，因此该章是全书的核心章节之一。第 3 章对常用的 3D 打印材料进行了详细介绍，其中包括聚合物材料、金属材料、陶瓷材料以及复合材料，方便读者根据本章内容对自己需要的材料进行简单筛选。第 4 章和第 5 章节主要对 3D 打印技术的前处理技术和后处理技术进行了介绍，帮助读者了解在进行 3D 打印之前和之后所要进行的工作。第 6 章对 3D 打印技术及其应用领域进行了介绍，将 3D 打印技术拉入了日常生活中，具体感受 3D 打印技术带给人们的变化。第 7 章主要介绍了 3D 打印技术的前沿技术，帮助读者知晓 3D 打印技术目前的研究进展。第 8 章的内容是对未来 3D 打印技术可能的发展方向和趋势进行简单的介绍。

以上是对本书八大章节的简单总结，读者也可以按照自己的需求对本书进行有侧重的阅读。希望每个读者在阅读完本书之后能够对 3D 打印技术及其相关知识有进一步的了解和认识。因为作者的水平和能力有限，难免在编撰本书的过程中出现纰漏，还望读者批评指正，提出宝贵意见或建议，谢谢！

参 考 文 献

陈国大. 2019. 数字投影微光刻 3D 打印关键技术研究. 广州: 华南理工大学硕士学位论文.

陈静, 杨海欧, 汤慧萍, 等. 2004. 成形气氛中氧含量对 TC4 钛合金激光快速成形工艺的影响. 稀有金属快报, 23(3): 23-26.

陈珊, 林秀梅, 李凡, 等. 2013. 一株聚己内酯降解真菌的筛选、鉴定及降解特性研究. 大庆师范学院学报, 33(3): 86-89.

费群星, 张雁, 谭永生, 等. 2007. 激光近净成型 Ni-Cu-Sn 合金. 稀有金属材料与工程, 36(11): 2052-2056.

高晓波, 汪良环, 刘惠惠. 2017. 3D 打印技术在医疗行业中的主要应用. 智慧健康, 3(1): 5-8.

郭少豪, 吕振. 2013. 3D 打印——改变世界的新机遇新浪潮. 北京: 清华大学出版社.

果春焕, 严家印, 王泽昌, 等. 2020. 金属激光熔丝增材制造工艺的研究进展. 热加工工艺, 49(16): 5-10.

韩硕. 2016. 3D 打印金属材料(上). 中国有色金属报. 2016-10-29(7).

韩硕. 2016. 3D 打印金属材料(下). 中国有色金属报. 2016-11-05(7).

何岷洪, 宋坤, 莫宏斌, 等. 2015. 3D 打印光敏树脂的研究进展. 功能高分子学报, 28(1): 102-108.

何盛明. 1990. 财经大辞典. 北京: 中国财政经济出版社.

洪解. 2019. 基于 3D 打印的汽车发动机再制造的补贴政策设计. 上海: 华东师范大学博士学位论文.

胡少东, 王川, 蔡孟锬, 等. 2014. 聚己内酯-聚铵盐抗菌材料的制备. 高分子学报, (6): 782-788.

胡志刚, 乔现玲. 2018. Pro/E Wildfire 5.0 中文版完全自学一本通. 北京: 电子工业出版社.

黄乾尧, 李汉康. 2000. 高温合金. 北京: 冶金工业出版社.

兰红波, 李涤尘, 卢秉恒. 2015. 微纳尺度 3D 打印. 中国科学: 技术科学, 45(9): 919-940.

李博, 张勇, 刘谷川, 等. 2017. 3D 打印技术(全国高等院校"十三五"规划教材). 北京: 中国轻工业出版社.

李和平, 葛虹. 1997. 精细化工工艺学. 北京: 科学出版社.

李梦倩, 王成成, 包玉衡, 等. 2016. 3D 打印复合材料的研究进展. 高分子通报, (10): 41-46.

李悦彤, 杨静. 2011. 氧化铝陶瓷低温烧结助剂的研究进展. 硅酸盐通报, 30(6): 1328-1332.

吕德龙. 2012. 现代加工技术在设备维修中的应用. 2012(第二届)全国发电企业设备优化检修技术研讨会论文集: 156-184.

吕德龙. 2013. 新材料与新技术在新产品开发中的应用. 第五届中国船舶及海洋工程用钢发展论坛暨 2013 船舶及海洋工程甲板舱室机械技术发展论坛论文集: 9-43.

马丽, 何慧, 周凌, 等. 2011. 竹粉/丙烯腈—丁二烯—苯乙烯共聚物(ABS)木塑复合材料的改性研究. 合成材料老化与应用, 40(4): 1-5.

乔·米卡勒夫. 2017. 3D 打印设计入门教程. 陈启成, 译. 北京: 机械工业出版社.

秦湘阁, 马臣, 孟祥才. 2001. 磷酸钙生物陶瓷. 佳木斯大学学报, 19(2): 175-179.

日本株式会社学研教育. 2011. 美国最新图解百科编译组, 译. 物质与化学. 吉林: 吉林文史出版社.

石泉. 2016. 浅谈计算机技术的创新及实际应用. 天津市电视技术研究会 2016 年年会论文集: 211-214.

蜀地一书生. 2017. 3D 打印从技术到商业实现. 北京: 化学工业出版社.

宋建丽, 李永堂, 邓琦林, 等. 2010. 激光熔覆成形技术的研究进展. 机械工程学报, 46(14): 29-39.

孙玲, 许琳, 李绅元. 2008. 塑料成型工艺与模具设计. 北京: 清华大学出版社.

唐通鸣, 张政, 邓佳文, 等. 2015. 基于 FDM 的 3D 打印技术研究现状与发展趋势. 化工新型材料, 43(6): 228-230, 234.

王冲, 宋建农, 李永磊, 等. 2011. 基于三维打印的型孔排种轮制造技术. 农业工程学报, 27(3): 108-111.

王泉明. 2019. 巯—烯反应固化 3D 打印硅橡胶的制备及性能研究. 济南: 山东大学硕士学位论文.

翁云宣. 2007. 聚乳酸合成、生产、加工及应用研究综述. 塑料工业, 35(S1): 69-73.

晓繁. 2020. 2020 年 3D 打印产业市场现状及发展前景分析. 广东印刷, (5): 6.

谢兴益, 李洁华, 钟银屏, 等. 2002. 聚碳酸酯聚氨酯弹性体的合成与性能研究. 高分子材料科学与工程, 18(6): 37-40.

徐宁, 2020. 微纳尺度 3D 打印专利技术分析. 专利代理, (3): 82-87.

徐平, 章勇, 苏浪. 2013. 中文版 Rhino 5.0 完全自学教程. 北京: 人民邮电出版社.

徐振发, 肖刚. 2011. 聚碳酸酯的技术与市场现状及发展趋势. 合成树脂及塑料, 28(2): 76-80.

杨卫民, 鉴冉冉. 2018. 聚合物 3D 打印与 3D 复印技术. 北京: 化学工业出版社.

杨正莲, 2012. 3D 打印的中国进程. 中国新闻周刊, (45): 28-31.

翟缓萍, 侯丽雅, 贾红兵. 2002. 快速成型工艺所用光敏树脂. 化学世界, 43(8): 437-440.

张芳, 康芸芸. 2020. 乡村产业振兴的金融供给——"政府-市场-社会"合作模式的探索. 商业研究, (12): 124-131.

张涛. 2018. 精确砂型铸造技术. 科技创新导报, 15(22): 131-132.

张晓丽, 齐欢, 魏青松. 2013. 铝合金粉末选择性激光熔化成形工艺优化试验研究. 应用激光, 33(4): 391-397.

章峻, 司玲, 杨继全. 2016. 3D 打印成型材料. 南京: 南京师范大学出版社.

赵毅. 2004. 激光快速成型中光敏树脂特性的实验研究. 高分子材料科学与工程, 20(1): 184-186.

郑增, 王联凤, 严彪. 2016. 3D 打印金属材料研究进展. 上海有色金属, 37(1): 57-60.

周钢, 蔡道生, 史玉升, 等. 2009. 金属粉末熔化快速成型技术的研究进展. 航空制造技术, (3): 43-46.

周伟民, 闵国全. 2016. 3D 打印技术. 北京: 科学出版社.

Cancer patient receives 3D printed titanium sternum and ribs in world-first surgery[2015-09-11]. https://www.techspot.com/news/62079-cancer-patient-receives-3d-printed-titanium-sternum-ribs. html#commentsOffset.

Chen C, Zhu Y Z, Tian M, et al. 2021. Sustainable self-powered electro-Fenton degradation using N, S co-doped porous carbon catalyst fabricated with adsorption-pyrolysis-doping strategy. Nano Energy, 81: 105623.

Gao S Y, Zhu Y Z, Che Y, et al. 2019. Self-power electroreduction of N_2 into NH_3 by 3D printed triboelectric nanogenerators. Materials Today, 28: 17-24.

Kelly B E, Bhattacharya I, Heidari H, et al. 2020. Volumetric additive manufacturing via tomographic reconstruction. Science, 363(6431): 1075-1079.

Leong K F, Cheah C M, Chua C K. 2003. Solid freeform fabrication of three-dimensional scaffolds for engineering replacement tissues and organs. Biomaterials, 24(13): 2363-2378.

Li Z R, Chu D D, Chen G X, et al. 2019. Biocompatible and biodegradable 3D double-network fibrous scaffold for excellent cell growth. Journal of Biomedical Nanotechnology, 15(11): 2209-2215.

Louvis E, Fox P, Sutcliffe C J. 2011. Selective laser melting of aluminium components. Journal of Materials Processing Technology, 211(2): 275-284.

Ma X Y, Qu X, Zhu W, et al. 2016. Deterministically patterned biomimetic human iPSC-derived hepatic model via rapid 3D bioprinting. Proceedings of the National Academy of Sciences of the United States of America, 113(8): 2206-2211.

Onses M S, Song C, Williamson L, et al. 2013. Hierarchical patterns of three-dimensional block-copolymer films formed by electrohydrodynamic jet printing and self-assembly. Nature Nanotechnology, 8(9): 667-675.

Redazione. Intervento sulla colonna vertebrale con vertebre stampate in 3D permette a una 32 enne di camminare di nuovo. [2021-05-25]. https://www.stampa3dstore.com/intervento-sulla-colonna-vertebrale-con-vertebre-stampate-in-3d-permette-a-una-32-enne-di-camminare-di-nuovo/.

Sutanto E, Tan Y F, Onses M S, et al. 2014. Electrohydrodynamic jet printing of micro-optical devices. Manufacturing Letters, 2(1): 4-7.

Vijayavenkataraman S, Yan W C, Lu W F, et al. 2018. 3D bioprinting of tissues and organs for regenerative medicine. Advanced Drug Delivery Reviews, 132: 296-332.

Warner J, Soman P, Zhu W, et al. 2016. Design and 3D printing of hydrogel scaffolds with fractal geometries. ACS Biomaterials Science & Engineering, 2(10): 1763-1770.

Wei Q H, Li H J, Liu G G, et al. 2020. Metal 3D printing technology for functional integration of catalytic system. Nature Communications, 11(1): 1-8.

Zhang B, Luo Y C, Ma L, et al. 2018. 3D bioprinting: an emerging technology full of opportunities and challenges. Bio-Design and Manufacturing, 1(1): 2-13.

Zhu W, Qu X, Zhu J, et al. 2017. Direct 3D bioprinting of prevascularized tissue constructs with complex microarchitecture. Biomaterials, 124: 106-115.

索　引